JN093528

数研出版編集部 編

スタンダード　数学Ⅲ
教科書傍用

は　し　が　き

　本書は半世紀発行を続けてまいりました数研出版伝統の問題集です。全国の皆様から頂きました貴重な御意見が支えとなって，今日に至っております。教育そのものが厳しく問われている近年，どのような学習をすることが，生徒諸君の将来の糧になるかなど，根本的な課題が議論されてきております。

　教育については，様々な捉え方がありますが，数学については，やはり積み重ねの練習が必要であると思います。そして，まず1つ1つの基礎的内容を確実に把握することが重要であり，次に，それらの基礎概念を組み合わせて考える応用力が必要になってきます。

　編集方針として，上記の基本的な考え方を踏まえ，次の3点をあげました。

　　1．基本問題の反復練習を豊富にする。

　　2．やや程度の高い重要な問題も，その内容を分析整理することによって，重要事項が無理なく会得できるような形にする。

　　3．別冊詳解はつけない。自力で解くことによって真の実力が身につけられるように編集する。なお，巻末答には，必要に応じて，指針・略解をつけて，自力で解くときの手助けとなる配慮もする。

　このような方針で，編集致しましたが，まだまだ不十分な点もあることと思います。皆様の御指導と御批判を頂きながら，所期の目的達成のために，更によりよい問題集にしてゆきたいと念願しております。

本書の構成と使用法

要項 問題解法に必要な公式およびそれに付随する注意事項をのせた。

例題 重要で代表的な問題を選んで例題とした。

  指針 問題のねらいと解法の要点を要領よくまとめた。

  解答 模範解答を示すようにしたが，中には略解の場合もある。

問題 問題A，問題B，発展の3段階に分けた。

  問題A 基本的な実力養成をねらったもので，諸君が独力で解答を試み，疑問の点のみを先生に質問するかまたは，該当する例題を参考にするということで理解できることが望ましい問題である。

  Aのまとめ 問題Aの内容をまとめたもので，基本的な実力がどの程度身についたかを知るためのテスト問題としても利用できる。

  問題B 応用力の養成をねらったもので，先生の指導のもとに学習すると，より一層の効果があがるであろう。

  発　展 発展学習的な問題など，教科書本文では，その内容が取り扱われていないが，重要と考えられる問題を配列した。

  ヒント ページの下段に付した。問題を解くときに参照してほしい。

🖐印問題 掲載している問題のうち，思考力・判断力・表現力の育成に特に役立つ問題に🖐印をつけた。また，本文で扱えなかった問題を巻末の総合問題でまとめて取り上げた。なお，総合問題にはこの印を付していない。

答と略解 答の数値，図のみを原則とし，必要に応じて[ ]内に略解を付した。

指導要領の枠外の問題 学習指導要領の枠を超えている問題に対して，問題番号などの右上に◆印を付した。内容的にあまり難しくない問題は問題Bに，やや難しい問題は発展に入れた。

■選択学習 時間的余裕のない場合や，復習を効果的に行う場合に活用。

  ＊印 ＊印の問題のみを演習しても，一通りの学習ができる。

  Aのまとめ 復習をする際に，問題Aはこれのみを演習してもよい。

チェックボックス（▱） 問題番号の横に設けた。

■問題数

    総数 442 題　例題 49 題，問題A 155 題，問題B 197 題，発展 33 題
    総合問題 8 題，＊印 238 題，Aのまとめ 33 題，🖐印 12 題

関　数

1　分数関数のグラフ

$y=\dfrac{ax+b}{cx+d}$ は $y=\dfrac{k}{x-p}+q$ の形に変形。

① $y=\dfrac{k}{x}$ のグラフを x 軸方向に p，y 軸方向に q だけ平行移動した直角双曲線。

② 漸近線は2直線　$x=p$，$y=q$

③ 関数の定義域は $x \neq p$，値域は $y \neq q$

k>0

k<0

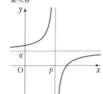

a>0

a<0

2　無理関数のグラフ

$y=\sqrt{ax+b}$ は $y=\sqrt{a(x-p)}$ の形に変形。

① $y=\sqrt{ax}$ のグラフを x 軸方向に p だけ平行移動したもの。

② 関数の定義域は $a>0$ のとき　$x \geqq p$
　　　　　　　　　　$a<0$ のとき　$x \leqq p$

3　逆関数　関数 $f(x)$ が逆関数 $f^{-1}(x)$ をもつとき

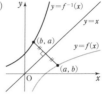

① $b=f(a) \iff a=f^{-1}(b)$

② $f(x)$ と $f^{-1}(x)$ とでは，定義域と値域が入れ替わる。

③ $y=f(x)$ のグラフと $y=f^{-1}(x)$ のグラフは直線 $y=x$ に関して対称である。

4　合成関数

$f(x)$ の値域が $g(x)$ の定義域に含まれているとき
$$(g \circ f)(x)=g(f(x))$$

・一般に $(g \circ f)(x)$ と $(f \circ g)(x)$ は一致しない。

・$f(x)$ の逆関数が $g(x)$ のとき，それぞれの定義域で
$$(f \circ g)(x)=x,\quad (g \circ f)(x)=x$$

数 列 の 極 限

5　数列の極限の性質

▶ $\lim\limits_{n \to \infty} a_n=\alpha$，$\lim\limits_{n \to \infty} b_n=\beta$ とする。

① $\lim\limits_{n \to \infty}(ka_n+lb_n)=k\alpha+l\beta$　　（k，l は定数）

② $\lim\limits_{n \to \infty} a_n b_n=\alpha\beta$

③ $\lim\limits_{n \to \infty}\dfrac{a_n}{b_n}=\dfrac{\alpha}{\beta}$　（$\beta \neq 0$）

④ すべての n について $a_n \leqq b_n \implies \alpha \leqq \beta$

⑤ すべての n について $a_n \leqq c_n \leqq b_n$ かつ $\alpha=\beta$
　　　　　　　$\implies \lim\limits_{n \to \infty} c_n=\alpha$

▶ $\lim\limits_{n \to \infty} a_n=\alpha \iff \lim\limits_{n \to \infty}(a_n-\alpha)=0 \iff \lim\limits_{n \to \infty}|a_n-\alpha|=0$

6　無限等比数列 $\{r^n\}$ の極限

$r>1$ のとき　　$\lim\limits_{n \to \infty} r^n=\infty$

$r=1$ のとき　　$\lim\limits_{n \to \infty} r^n=1$

$|r|<1$ のとき　$\lim\limits_{n \to \infty} r^n=0$　　收束する

$r \leqq -1$ のとき　振動 …… 極限はない

・数列 $\{r^n\}$ が収束 $\iff$ $-1<r \leqq 1$

7　無限級数 $\sum\limits_{n=1}^{\infty} a_n$ の和

第 n 項までの部分和 $S_n=a_1+a_2+a_3+\cdots\cdots+a_n$ で作られる数列 $\{S_n\}$ が S に収束するとき，無限級数 $\sum\limits_{n=1}^{\infty} a_n$ は収束し，その和は S である。

8　無限等比級数 $\sum\limits_{n=1}^{\infty} ar^{n-1}$　（$a \neq 0$）

$|r|<1$ のとき　収束し，和は $\dfrac{a}{1-r}$

$|r| \geqq 1$ のとき　発散する。

9　無限級数の性質　$\sum\limits_{n=1}^{\infty} a_n=S$，$\sum\limits_{n=1}^{\infty} b_n=T$ とする。

$$\sum\limits_{n=1}^{\infty}(ka_n+lb_n)=kS+lT　（k，l は定数）$$

10　無限級数の収束・発散と項の極限

① $\sum\limits_{n=1}^{\infty} a_n$ が収束する $\implies \lim\limits_{n \to \infty} a_n=0$

② $\{a_n\}$ が 0 に収束しない $\implies \sum\limits_{n=1}^{\infty} a_n$ は発散する

19 接線と法線

曲線 $y=f(x)$ 上の点 $A(a, f(a))$ における接線の
方程式は　　$y-f(a)=f'(a)(x-a)$

法線の方程式 $(f'(a)\neq 0)$ は

$$y-f(a)=-\frac{1}{f'(a)}(x-a)$$

20 平均値の定理

関数 $f(x)$ が閉区間 $[a, b]$
で連続，開区間 (a, b) で
微分可能ならば，

$$\frac{f(b)-f(a)}{b-a}=f'(c),$$

$a<c<b$

を満たす実数 c が存在する。

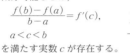

21 関数の値の変化

▶関数の増減　関数 $f(x)$ は

① $f'(x)>0$
② $f'(x)<0$ である区間で
③ $f'(x)=0$

$\left\{\begin{array}{l}増加\\減少\\一定\end{array}\right.$

▶極大・極小　$f(x)$ は連続な関数とする。

① $x=a$ を境目として，$f'(x)$ の符号が
　正から負 $\Longrightarrow$ $x=a$ で極大
　負から正 $\Longrightarrow$ $x=a$ で極小

② $f(x)$ が $x=a$ で微分可能であるとき
　$x=a$ で極値をとる $\Longrightarrow$ $f'(a)=0$

22 関数のグラフ

▶曲線の凹凸　曲線 $y=f(x)$ は

① $f''(x)>0$
② $f''(x)<0$ である区間で

$\left\{\begin{array}{l}下に凸\\上に凸\end{array}\right.$

▶変曲点　曲線 $y=f(x)$ について

① $f''(a)=0$ のとき，$x=a$ の前後で $f''(x)$ の符号
　が変わるならば，点 $(a, f(a))$ は曲線の変曲点。

② $f''(a)$ が存在するとき
　点 $(a, f(a))$ が曲線の変曲点 $\Longrightarrow$ $f''(a)=0$

▶関数のグラフの概形をかくときに調べること

① 定義域　　② 増減，極値　　③ 凹凸，変曲点
④ 対称性　　⑤ 漸近線　　　　⑥ 座標軸との共有点

▶第2次導関数と極値

$x=a$ を含むある区間で $f''(x)$ は連続であるとする。

① $f'(a)=0$ かつ $f''(a)<0 \Longrightarrow$ $f(a)$ は極大値
② $f'(a)=0$ かつ $f''(a)>0 \Longrightarrow$ $f(a)$ は極小値

23 方程式，不等式への応用

▶不等式 $f(x)>g(x)$ の証明

$y=f(x)-g(x)$ の（最小値）>0 を示す。そのため
に，まず y' を求め，関数 y の増減を調べる。

▶e^x と x^n に関する極限

一般に，自然数 n に対して，次のことが成り立つ。

$$\lim_{x \to \infty}\frac{e^x}{x^n}=\infty, \quad \lim_{x \to \infty}\frac{x^n}{e^x}=0$$

24 速度と加速度

① 数直線上を運動する点 P の時刻 t における座標
を $x=f(t)$ とすると，点 P の時刻 t における速
度 v，加速度 α は

$$v=\frac{dx}{dt}=f'(t), \quad \alpha=\frac{dv}{dt}=\frac{d^2x}{dt^2}=f''(t)$$

② 座標平面上を運動する点 P の時刻 t における座
標 (x, y) が t の関数であるとき，点 P の時刻 t
における速度 $\vec{v}$，速さ $|\vec{v}|$，加速度 $\vec{\alpha}$，加速度の大
きさ $|\vec{\alpha}|$ は

$$\vec{v}=\left(\frac{dx}{dt}, \frac{dy}{dt}\right), \quad |\vec{v}|=\sqrt{\left(\frac{dx}{dt}\right)^2+\left(\frac{dy}{dt}\right)^2}$$

$$\vec{\alpha}=\left(\frac{d^2x}{dt^2}, \frac{d^2y}{dt^2}\right), \quad |\vec{\alpha}|=\sqrt{\left(\frac{d^2x}{dt^2}\right)^2+\left(\frac{d^2y}{dt^2}\right)^2}$$

25 1次の近似式

・$|h|$ が十分小さいとき　$f(a+h)\fallingdotseq f(a)+f'(a)h$
・$|x|$ が十分小さいとき　$f(x)\fallingdotseq f(0)+f'(0)x$

26 不定積分　$F'(x)=f(x)$ とする。

$$\int f(x)dx=F(x)+C \quad (Cは積分定数)$$

▶不定積分の基本性質　k, l は定数とする。

$$\int\{kf(x)+lg(x)\}dx=k\int f(x)dx+l\int g(x)dx$$

27 基本的な関数の不定積分　（C は積分定数）

▶$\int x^\alpha dx=\dfrac{1}{\alpha+1}x^{\alpha+1}+C \quad (\alpha \neq -1)$

$\int \dfrac{1}{x}dx=\log|x|+C$

▶$\displaystyle\int \sin x\,dx=-\cos x+C$　$\displaystyle\int \cos x\,dx=\sin x+C$

$\displaystyle\int \dfrac{dx}{\cos^2x}=\tan x+C$　$\displaystyle\int \dfrac{dx}{\sin^2x}=-\dfrac{1}{\tan x}+C$

▶$\displaystyle\int e^x dx=e^x+C$　$\displaystyle\int a^x dx=\dfrac{a^x}{\log a}+C$

28 置換積分法

① $\displaystyle\int f(x)dx=\int f(g(t))g'(t)dt \quad (x=g(t))$

② $\displaystyle\int f(g(x))g'(x)dx=\int f(u)du \quad (g(x)=u)$

29 部分積分法

$$\int f(x)g'(x)dx=f(x)g(x)-\int f'(x)g(x)dx$$

11　関数の極限

▶ $\lim\limits_{x \to a} f(x) = \alpha$, $\lim\limits_{x \to a} g(x) = \beta$ とする。

① $\lim\limits_{x \to a} \{kf(x) + lg(x)\} = k\alpha + l\beta$ 　$(k, l$ は定数$)$

② $\lim\limits_{x \to a} f(x)g(x) = \alpha\beta$

③ $\lim\limits_{x \to a} \dfrac{f(x)}{g(x)} = \dfrac{\alpha}{\beta}$ 　$(\beta \neq 0)$

④ x が a に近いとき, 常に $f(x) \leqq g(x) \implies \alpha \leqq \beta$

⑤ x が a に近いとき,
　常に $f(x) \leqq h(x) \leqq g(x)$ かつ $\alpha = \beta$
　$\implies \lim\limits_{x \to a} h(x) = \alpha$

▶ $\lim\limits_{x \to a} f(x) = \alpha \iff \lim\limits_{x \to a} |f(x) - \alpha| = 0$

　特に $\lim\limits_{x \to a} f(x) = 0 \iff \lim\limits_{x \to a} |f(x)| = 0$

▶ 右側極限, 左側極限との関係
　$\lim\limits_{x \to a+0} f(x) = \lim\limits_{x \to a-0} f(x) = \alpha \iff \lim\limits_{x \to a} f(x) = \alpha$

12　基本的な関数の極限

▶ 関数 x^{α} の極限　$(\alpha \neq 0)$

　$\alpha > 0$ のとき　$\lim\limits_{x \to \infty} x^{\alpha} = \infty$

　$\alpha < 0$ のとき　$\lim\limits_{x \to \infty} x^{\alpha} = 0$

▶ 指数関数, 対数関数の極限

　$a > 1$ のとき　　$\lim\limits_{x \to \infty} a^x = \infty$, 　$\lim\limits_{x \to -\infty} a^x = 0$

　　　　　　　　　$\lim\limits_{x \to \infty} \log_a x = \infty$, 　$\lim\limits_{x \to +0} \log_a x = -\infty$

　$0 < a < 1$ のとき　$\lim\limits_{x \to \infty} a^x = 0$, 　$\lim\limits_{x \to -\infty} a^x = \infty$

　　　　　　　　　$\lim\limits_{x \to \infty} \log_a x = -\infty$, 　$\lim\limits_{x \to +0} \log_a x = \infty$

▶ 三角関数に関する極限　$(x$ の単位はラジアン$)$

　　$\lim\limits_{x \to 0} \dfrac{\sin x}{x} = 1$, 　　$\lim\limits_{x \to 0} \dfrac{x}{\sin x} = 1$

13　連続な関数の性質

▶ 定義域の x の値 a に対して, $\lim\limits_{x \to a} f(x) = f(a)$ のとき, $f(x)$ は $x = a$ で連続。

▶ 中間値の定理
　閉区間 $[a, b]$ で連続な関数 $f(x)$ について

・$f(x)$ はこの区間で $f(a)$ と $f(b)$ の間の任意の値をとる。

・$f(a)$ と $f(b)$ が異符号ならば, 方程式 $f(x) = 0$ は $a < x < b$ の範囲に少なくとも1つの実数解をもつ。

14　微分係数

▶ 微分係数
　$f'(a) = \lim\limits_{h \to 0} \dfrac{f(a+h) - f(a)}{h} = \lim\limits_{x \to a} \dfrac{f(x) - f(a)}{x - a}$

▶ 微分可能と連続　関数 $f(x)$ について
・$f'(a)$ が存在するとき, $x = a$ で微分可能。
・$x = a$ で微分可能 $\implies$ $x = a$ で連続
・$x = a$ で連続であっても, $x = a$ で微分可能とは限らない。

15　導関数とその公式

▶ 定義　$f'(x) = \lim\limits_{h \to 0} \dfrac{f(x+h) - f(x)}{h}$

▶ 導関数の公式　k, l は定数とする。

① $\{kf(x) + lg(x)\}' = kf'(x) + lg'(x)$

② $\{f(x)g(x)\}' = f'(x)g(x) + f(x)g'(x)$

③ $\left\{\dfrac{f(x)}{g(x)}\right\}' = \dfrac{f'(x)g(x) - f(x)g'(x)}{\{g(x)\}^2}$

▶ 合成関数の微分法　$y = f(u)$, $u = g(x)$ とする。

　$\dfrac{dy}{dx} = \dfrac{dy}{du} \cdot \dfrac{du}{dx}$

▶ 逆関数の微分法

　$\dfrac{dy}{dx} = \dfrac{1}{\dfrac{dx}{dy}}$

16　基本的な関数の導関数

▶ $(c)' = 0$ 　$(c$ は定数$)$ 　　$(x^{\alpha})' = \alpha x^{\alpha - 1}$ 　$(\alpha$ は実数$)$

▶ 三角関数の導関数
　$(\sin x)' = \cos x$
　$(\cos x)' = -\sin x$ 　　$(\tan x)' = \dfrac{1}{\cos^2 x}$

▶ 対数関数・指数関数の導関数　$(a > 0, a \neq 1)$
　$(\log |x|)' = \dfrac{1}{x}$, 　　$(\log_a |x|)' = \dfrac{1}{x \log a}$

　$(e^x)' = e^x$, 　　　$(a^x)' = a^x \log a$

　補足　$e = \lim\limits_{k \to 0} (1 + k)^{\frac{1}{k}} = 2.71828\cdots$

17　第 n 次導関数

　関数 $y = f(x)$ を n 回微分して得られる関数

　$\longrightarrow$ $y^{(n)}$, $f^{(n)}(x)$, $\dfrac{d^n y}{dx^n}$, $\dfrac{d^n}{dx^n} f(x)$ などと表す。

18　種々の関数の導関数

▶ 方程式 $F(x, y) = 0$ で定められる関数の導関数
　y を x の関数と考えて, 方程式の両辺を x で微分。

　　$\dfrac{d}{dx} f(y) = \dfrac{d}{dy} f(y) \cdot \dfrac{dy}{dx}$

▶ 媒介変数で表された関数の導関数

　$x = f(t)$, $y = g(t)$ のとき 　$\dfrac{dy}{dx} = \dfrac{\dfrac{dy}{dt}}{\dfrac{dx}{dt}} = \dfrac{g'(t)}{f'(t)}$

目 次

第1章　関数

1　分数関数

■1　分数関数のグラフ

① $y=\dfrac{k}{x}$ ($k \neq 0$) **のグラフ**　x 軸と y 軸を漸近線とする直角双曲線。

$k>0$ ならば 第1, 3象限；　$k<0$ ならば 第2, 4象限にある。

② $y=\dfrac{ax+b}{cx+d}$ ($ad-bc \neq 0$, $c \neq 0$) **のグラフ**　$y=\dfrac{k}{x-p}+q$ の形に変形。

$y=\dfrac{k}{x}$ のグラフを x 軸方向に p,　y 軸方向に q だけ平行移動した直角双曲線。

漸近線は2直線 $x=p$,　$y=q$　　定義域は $x \neq p$, 値域は $y \neq q$

注意　直交する漸近線をもつ双曲線を **直角双曲線** という。

■■■ A ■■■

☑*1　次の関数のグラフをかけ。また，その定義域と値域を求めよ。

(1)　$y=\dfrac{3}{x}$　　　　(2)　$y=\dfrac{3}{x}+2$　　　(3)　$y=\dfrac{3}{x-1}$　　　(4)　$y=\dfrac{3}{x+2}+1$

☑2　前問について，(1)と他のグラフの位置関係をいえ。

☑*3　関数 $y=\dfrac{3x-2}{x-1}$ …… ① について，次の問いに答えよ。

(1)　関数 ① を $y=\dfrac{k}{x-p}+q$ の形に変形せよ。また，① のグラフをかけ。

(2)　① のグラフの漸近線，定義域，値域を求めよ。

☑4　次の関数のグラフをかけ。また，その漸近線，定義域，値域を求めよ。

(1)　$y=\dfrac{x+1}{x+2}$　　　　　　*(2)　$y=\dfrac{x}{1-x}$　　　　　(3)　$y=\dfrac{6x+5}{3x+1}$

☑5　次の2つの関数のグラフの共有点の座標を求めよ。

*(1)　$y=\dfrac{2}{x}$,　$y=x+1$　　　　　　　(2)　$y=\dfrac{7}{x+3}$,　$y=-x+5$

☑ **Aの まとめ** 6　(1)　関数 $y=\dfrac{2x-7}{x-3}$ のグラフをかけ。また，その漸近線，定義域，値域を求めよ。

(2)　関数 $y=\dfrac{5}{x+3}$,　$y=x-1$ のグラフの共有点の座標を求めよ。

■ 分数方程式，不等式

例題 1

グラフを利用して，次の方程式，不等式を解け。

(1) $\dfrac{3}{x-4}=-x$ (2) $\dfrac{3}{x-4}\leqq -x$

■指針■ **分数方程式・不等式** (1) 分母を払って得られる方程式を解き，グラフを参考に，適するものを解とする。(分母)≠0 に注意。 (2) グラフの上下関係に着目する。

解答

関数 $y=\dfrac{3}{x-4}$ のグラフと直線 $y=-x$ は図のようになる。

(1) $\dfrac{3}{x-4}=-x$ …… ① として，① の両辺に

$x-4$ を掛けると $3=-x(x-4)$

整理して $x^2-4x+3=0$

よって $(x-1)(x-3)=0$

ゆえに $x=1,\ 3$

これらは，① の左辺の分母を 0 にしないから，① の解である。

したがって $\boldsymbol{x=1,\ 3}$ **答**

(2) 関数 $y=\dfrac{3}{x-4}$ のグラフが直線 $y=-x$ より下側にあるか，または共有点をもつような x の値の範囲を求めて $\boldsymbol{x\leqq 1,\ 3\leqq x<4}$ **答**

■■■ B ■■■

☐ **7** グラフを利用して，次の方程式，不等式を解け。

*(1) $\dfrac{2}{x-1}=1$ *(2) $\dfrac{3}{x+2}=x$ (3) $\dfrac{3x+2}{x+2}=x$

*(4) $\dfrac{2}{x-1}<1$ (5) $\dfrac{3}{x+2}\geqq x$ *(6) $\dfrac{3x+2}{x+2}\leqq x$

☐ **8** 関数 $y=\dfrac{ax+b}{x+c}$ のグラフが次のようになるとき，定数 a, b, c の値を求めよ。

(1) x 軸，y 軸を漸近線として，点 $(1,\ 3)$ を通る。

*(2) 2直線 $x=2$, $y=-1$ を漸近線として，点 $(1,\ 0)$ を通る。

☐ **9** 次の関数の値域を求めよ。

*(1) $y=\dfrac{2x}{2x-1}\quad (x\geqq 1)$ (2) $y=\dfrac{3x+5}{x+2}\quad (-3\leqq x\leqq -1)$

☐ *10 関数 $y=\dfrac{2x-1}{x-3}$ の値域が $0\leqq y<2$ であるとき，定義域を求めよ。

☐ *11 関数 $y=\dfrac{5x-14}{x-3}$ のグラフを平行移動すると，関数 $y=\dfrac{-x-1}{x+2}$ のグラフに重なる。どのように平行移動すればよいか。

2　無理関数

1 無理関数のグラフ

① $y=\sqrt{ax}$ $(a\neq0)$ のグラフ

$a>0$ のとき　　　　　$a<0$ のとき
　定義域は $x\geqq0$　　　　定義域は $x\leqq0$
　値　域は $y\geqq0$　　　　値　域は $y\geqq0$
　単調に増加する　　　　単調に減少する

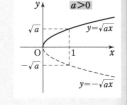

注意　$y=-\sqrt{ax}$ のグラフは，x 軸に関して，$y=\sqrt{ax}$
　　　　のグラフと対称。

② $y=\sqrt{ax+b}$ $(a\neq0)$ のグラフ　$y=\sqrt{a(x-p)}$ の形に変形。
　$y=\sqrt{ax}$ のグラフを x 軸方向に p だけ平行移動したもの。
　$a>0$ のとき　　　定義域は $x\geqq p$，値域は $y\geqq0$
　$a<0$ のとき　　　定義域は $x\leqq p$，値域は $y\geqq0$

③ $y=\sqrt{a(x-p)}+q$ $(a\neq0)$ のグラフ
　$y=\sqrt{ax}$ のグラフを，x 軸方向に p，y 軸方向に q だけ平行移動したもの。

■A■

☐*12　次の関数のグラフをかけ。また，(1)と他のグラフの位置関係をいえ。

(1) $y=\sqrt{3x}$　　　(2) $y=-\sqrt{3x}$　　　(3) $y=\sqrt{-3x}$　　　(4) $y=-\sqrt{-3x}$

☐ 13　次の関数のグラフは，[ ]内のグラフをどのように平行移動したものか。

(1) $y=\sqrt{2(x-4)}$　$[\,y=\sqrt{2x}\,]$　　　(2) $y=\sqrt{15-3x}$　$[\,y=\sqrt{-3x}\,]$

☐ 14　次の関数のグラフをかけ。また，その定義域と値域を求めよ。

(1) $y=\sqrt{x-2}$　　　　　*(2) $y=-\sqrt{x+3}$　　　　*(3) $y=-\sqrt{4-2x}$

☐ 15　次の関数の値域を求めよ。

(1) $y=\sqrt{x+3}$ $(-1\leqq x\leqq3)$　　　　*(2) $y=-\sqrt{1-2x}$ $(-4<x\leqq0)$

☐ 16　次の2つの関数のグラフの共有点の座標を求めよ。

*(1) $y=\sqrt{x+6}$, $y=-x$　　　　(2) $y=\sqrt{6x+10}$, $y=x+3$

(3) $y=\sqrt{4x}$, $y=x+1$

☐ **■Aの■ まとめ** 17　関数 $y=\sqrt{2x-3}$ について

(1) 定義域と値域を求め，そのグラフをかけ。

(2) 定義域が $3\leqq x<6$ のときの値域を求めよ。

無理方程式，不等式

例題 2　グラフを利用して，次の方程式，不等式を解け。

(1) $\sqrt{x+3}=x+1$ 　　　　　　(2) $\sqrt{x+3}>x+1$

指針　**無理方程式・不等式**　(1) 両辺を2乗して解く。その解が，もとの方程式を満たすかどうかを必ず確認する。　(2) グラフの上下関係に着目する。

解答　関数 $y=\sqrt{x+3}$ のグラフと直線 $y=x+1$ は図のようになる。

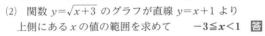

(1) $\sqrt{x+3}=x+1$ …… ① とする。

①の両辺を2乗すると　　$x+3=(x+1)^2$

整理して　　$x^2+x-2=0$

よって　　$x=-2,\ 1$

$x=-2$ は①を満たさないから，不適。

$x=1$ は①を満たす。

したがって，求める解は　　**$x=1$**　**答**

(2) 関数 $y=\sqrt{x+3}$ のグラフが直線 $y=x+1$ より

上側にある x の値の範囲を求めて　　**$-3\leqq x<1$**　**答**

注意　(1) ①において，$x+3\geqq0$ かつ $x+1\geqq0$ であるから，$x\geqq-1$ である。

グラフからもわかるように，$x=-2$ は $-\sqrt{x+3}=x+1$ の解。

(2) $x=-3$ も解に含まれることに注意する。

☐ **18** 次の関数のグラフをかけ。また，その定義域と値域を求めよ。

(1) $y=\sqrt{x-1}+2$ 　　　　　　*(2) $y=-\sqrt{4x-3}-1$

☐ **19** 次の条件を満たすように，定数 a, b の値を定めよ。

(1) $y=\sqrt{x+a}$ のグラフが点 $(-3,\ 2)$ を通る。

*(2) $y=\sqrt{ax+b}$ のグラフが2点 $(3,\ 5)$，$(5,\ 3)$ を通る。

(3) $y=\sqrt{2x-4}$ $(a\leqq x\leqq b)$ の値域が $0\leqq y\leqq2$

*(4) $y=\sqrt{ax+b}$ $(1\leqq x\leqq2)$ の値域が $1\leqq y\leqq2$

☐ **20** グラフを利用して，次の方程式，不等式を解け。

*(1) $\sqrt{x+8}=x+2$ 　　(2) $\sqrt{5x-4}=x$ 　　(3) $\sqrt{4-2x}=-x+2$

*(4) $\sqrt{x+8}>x+2$ 　　*(5) $\sqrt{5x-4}<x$ 　　*(6) $\sqrt{4-2x}\leqq-x+2$

☐ **21** 2つの関数 $y=\sqrt{4x+8}$，$y=x+k$ のグラフの共有点の個数を調べよ。ただし，k は定数とする。

3 逆関数と合成関数

---

1 逆関数

① **求め方** [1] 関係式 $y=f(x)$ を変形して，$x=g(y)$ の形にする。

[2] x と y を入れ替えて，$y=g(x)$ とする。このとき $f^{-1}(x)=g(x)$

[3] $g(x)$ の定義域は，$f(x)$ の値域と同じにとる。

② **性 質** [1] $f(x)$ と $f^{-1}(x)$ とでは，定義域と値域が入れ替わる。

[2] $b=f(a) \iff a=f^{-1}(b)$

[3] $y=f(x)$ と $y=f^{-1}(x)$ のグラフは，直線 $y=x$ に関して対称。

2 合成関数

関数 $g(f(x))$ を $f(x)$ と $g(x)$ の合成関数といい，$(g \circ f)(x)$ と書く。

ただし，$f(x)$ の値域が $g(x)$ の定義域に含まれているものとする。

注意 一般に，$(g \circ f)(x)$ と $(f \circ g)(x)$ は一致しない。

■■■A■■■

☐ **22** 次の関数の逆関数を求めよ。また，もとの関数と逆関数のグラフをかけ。

*(1) $y=4x+6$ 　　　　　(2) $y=2x-1$ 　$(-1 \leqq x \leqq 1)$

(3) $y=x^2+1$ 　$(x \geqq 0)$ 　　　*(4) $y=x^2+1$ 　$(x \leqq 0)$

(5) $y=-\sqrt{2x-3}$ 　　　　*(6) $y=\sqrt{6-3x}$ 　$(-1 \leqq x \leqq 2)$

☐ **23** 次の関数の逆関数を求めよ。

*(1) $y=\dfrac{2x+1}{x-1}$ 　　　　　(2) $y=\dfrac{x}{x+1}$ 　$(x \geqq 0)$

(3) $y=5^x$ 　　　　　*(4) $y=\log_2(x-1)$

☐ *24 1次関数 $f(x)=px+q$ について，$f(2)=1$，$f^{-1}(5)=4$ であるとき，定数 p，q の値を求めよ。

☐ *25 $f(x)=x+3$，$g(x)=x^2+1$ のとき，次の合成関数を求めよ。

(1) $(g \circ f)(x)$ 　　(2) $(f \circ g)(x)$ 　　(3) $(f \circ f)(x)$ 　　(4) $(g \circ g)(x)$

☐ **26** 次の関数 $f(x)$，$g(x)$ について，合成関数 $(g \circ f)(x)$ と $(f \circ g)(x)$ を求めよ。

*(1) $f(x)=-x+2$，$g(x)=3x-1$ 　　*(2) $f(x)=3x-2$，$g(x)=\dfrac{1}{3}x+\dfrac{2}{3}$

*(3) $f(x)=2x+3$，$g(x)=|x|$ 　　　*(4) $f(x)=3x+2$，$g(x)=\cos x$

(5) $f(x)=9^x$，$g(x)=\log_3 x$ 　　(6) $f(x)=\dfrac{2x+1}{x-3}$，$g(x)=\dfrac{3x-1}{x-2}$

☐ **■■Aの■ 27** 関数 $f(x)=-3x+6$ $(x \leqq 2)$，$g(x)=2\sqrt{x}$ について，逆関数 $f^{-1}(x)$，
まとめ $g^{-1}(x)$ と合成関数 $(g \circ f)(x)$ を求めよ。

■■分数関数の相等

例題 3　関数 $y=\dfrac{ax+1}{x+b}$ の逆関数が $y=\dfrac{4x+c}{2x+3}$ であるとき，定数 a，b，c の値を求めよ。

■指針■　**分数関数の逆関数**　分数関数 $y=\dfrac{px+q}{rx+s}$ は $y=\dfrac{A}{rx+s}+B$ と変形できる。

逆関数をもつ条件は $A\neq0$　　分数式の恒等式については　**注意**　参照。

解答　$y=\dfrac{ax+1}{x+b}$ …… ① とすると　　$y=\dfrac{1-ab}{x+b}+a$

y は逆関数をもつから　　$1-ab\neq0$　　　　このとき　　$y\neq a$

① を x について解くと　　$x=\dfrac{-by+1}{y-a}$　　　① の逆関数は　　$y=\dfrac{-bx+1}{x-a}$

ゆえに，$\dfrac{-bx+1}{x-a}=\dfrac{4x+c}{2x+3}$ が x についての恒等式となる。

分母を払って　　$(-bx+1)(2x+3)=(4x+c)(x-a)$

整理すると　　$-2bx^2+(-3b+2)x+3=4x^2+(-4a+c)x-ac$

これが x についての恒等式であるから　　$-2b=4$，$-3b+2=-4a+c$，$3=-ac$

$1-ab\neq0$ に注意してこれを解くと　　$a=-\dfrac{3}{2}$，$b=-2$，$c=2$　**答**

注意　$\dfrac{px+q}{rx+s}=\dfrac{p'x+q'}{r'x+s'}$ が恒等式 $\iff$ $p=kp'$，$q=kq'$，$r=kr'$，$s=ks'$ $(k\neq0)$
を利用してもよい。

☐*28　次の関数 $f(x)$，$g(x)$ について，$(g\circ f)(x)$ の定義域と値域を求めよ。

(1)　$f(x)=2x+3\ (1\leqq x\leqq3)$，$g(x)=x^2\ (0\leqq x\leqq10)$

(2)　$f(x)=\sqrt{x+4}$，$g(x)=\dfrac{1}{x+1}$

☐ 29　$f(x)=2x+3$，$g(x)=\dfrac{x+1}{x-3}$ とする。逆関数 $f^{-1}(x)$，$g^{-1}(x)$ と合成関数 $(f\circ f^{-1})(x)$，$(g\circ g^{-1})(x)$，$(f\circ g)^{-1}(x)$，$(g^{-1}\circ f^{-1})(x)$ を求めよ。

☐*30　$y=\dfrac{2x+a}{x+b}$ の逆関数が $y=\dfrac{3x-1}{2x+c}$ であるとき，定数 a，b，c の値を求めよ。

☐*31　$y=f(x)$ の逆関数がもとの関数と一致するとき，定数 p の値を求めよ。

(1)　$f(x)=px+3$　　　　　　　(2)　$f(x)=\dfrac{2x-3}{x+p}$

☐ 32　$f(x)=3x+a$，$g(x)=7x+2$ とする。$(f\circ g)(x)=(g\circ f)(x)$ が成り立つとき，定数 a の値を求めよ。

4 第1章 演習問題

■■ 関数の決定

例題 4

$f(x)=x+3$, $g(x)=x^2$ について，$(f \circ p)(x)=g(x)$，
$(q \circ f)(x)=g(x)$ が成り立つとき，$p(x)$，$q(x)$ を求めよ。

■指針■ 合成関数と関数の決定 $(f \circ p)(x)=f(p(x))$，$(q \circ f)(x)=q(f(x))$

解答

$(f \circ p)(x)=f(p(x))=p(x)+3$ $\qquad$ これと，$(f \circ p)(x)=g(x)$ から

$p(x)+3=x^2$ $\qquad$ よって $\qquad$ $\boldsymbol{p(x)=x^2-3}$ 答

$(q \circ f)(x)=q(f(x))=q(x+3)$ $\qquad$ これと，$(q \circ f)(x)=g(x)$ から

$q(x+3)=x^2$ $\qquad$ ここで，$x+3=X$ とおくと $\qquad$ $x=X-3$

よって $\qquad$ $q(X)=(X-3)^2$ $\qquad$ ゆえに $\qquad$ $\boldsymbol{q(x)=(x-3)^2}$ 答

別解

$f(x)=x+3$ から $\qquad$ $f^{-1}(x)=x-3$

$(f \circ p)(x)=g(x)$ から

$\qquad \boldsymbol{p(x)}=(f^{-1} \circ f \circ p)(x)=(f^{-1} \circ g)(x)=f^{-1}(g(x))=g(x)-3=\boldsymbol{x^2-3}$ 答

$(q \circ f)(x)=g(x)$ から

$\qquad \boldsymbol{q(x)}=(q \circ f \circ f^{-1})(x)=(g \circ f^{-1})(x)=g(f^{-1}(x))=\{f^{-1}(x)\}^2=\boldsymbol{(x-3)^2}$ 答

■■■ B ■■■

☑ **33** 次の事柄は正しいか。

(1) $y=1$ の逆関数は $x=1$ である。

(2) $y=f(x)$ の逆関数 $y=f^{-1}(x)$ の逆関数は $y=f(x)$ である。

(3) $y=f(x)$ と逆関数 $y=f^{-1}(x)$ の合成関数は，$y=x$ である。

☑ **34** 次の条件を満たす関数 $f(x)$，$g(x)$ について，定数 a，b の値を求めよ。

(1) $f(x)=ax+b$，$f^{-1}(x)=f(x)$ $\qquad$ (2) $g(x)=\dfrac{3x+b}{x+a}$，$(g \circ g)(x)=x$

☑ **35** $f(x)=3x-2$，$g(x)=x^2+1$ について，$(f \circ p)(x)=g(x)$，$(q \circ f)(x)=g(x)$ が
成り立つとき，$p(x)$，$q(x)$ を求めよ。

☑ **36** 右の図は，1次関数 $y=f(x)$ と，
2次関数 $y=g(x)$ のグラフであ
る。合成関数 $y=(g \circ f)(x)$，
$y=(f \circ g)(x)$ のグラフの説明と
して正しいものを，それぞれ次
の ①～④ からすべて選べ。

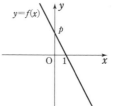
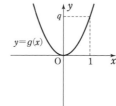

① 上に凸の放物線である $\qquad$ ② 下に凸の放物線である

③ 軸は直線 $x=1$ である $\qquad$ ④ 軸は y 軸である

■分数不等式

例題 5　不等式 $\dfrac{x+2}{x} \geqq x$ を解け。

指針　分数式を含む不等式は，p.5 例題 1 の方法以外に，次の手順で解くこともできる。
[1]　式を一方にまとめ，分母と分子をそれぞれ因数分解する。
[2]　まとめた式の符号を，表などを用いて調べる。

解答　不等式のすべての項を左辺に移項して
整理し，分子を因数分解すると

$$\dfrac{(x+1)(x-2)}{x} \leqq 0$$

左辺を P とおき，P の符号を調べると
右の表のようになる。この表から解は

$$x \leqq -1, \ 0 < x \leqq 2 \quad \text{答}$$

x	$\cdots$	-1	$\cdots$	0	$\cdots$	2	$\cdots$
$x+1$	$-$	0	$+$	$+$	$+$	$+$	$+$
x	$-$	$-$	$-$	0	$+$	$+$	$+$
$x-2$	$-$	$-$	$-$	$-$	$-$	0	$+$
P	$-$	0	$+$		$-$	0	$+$

別解　不等式のすべての項を左辺に移項して整理し，分子を因
数分解すると　$\dfrac{(x+1)(x-2)}{x} \leqq 0$

$x \neq 0$ において，この両辺に $x^2 \ (>0)$ を掛けると
$$(x+1)x(x-2) \leqq 0$$
関数 $y=(x+1)x(x-2)$ のグラフと x 軸との共有点の x 座
標は $x=-1, \ 0, \ 2$ で，x^3 の係数が正であるから，グラフ
（略図）は右の図のようになる。
グラフで $y \leqq 0$ となる x の値の範囲を求めて　$x \leqq -1, \ 0 < x \leqq 2$ 　**答**

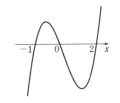

■■■■ 発展 ■■■■■

☐ 37　a は定数とする。次の 2 つの関数のグラフの共有点の個数を調べよ。

(1)　$y=\dfrac{-2x-6}{x-3}, \ y=ax$　　　　(2)　$y=\sqrt{2x-5}, \ y=ax+2$

☐ 38　次の方程式，不等式を解け。

(1)　$\dfrac{3}{x(x-3)}=\dfrac{x}{3(x-3)}$　　　　(2)　$\dfrac{x-4}{x^2+x-6}>0$

☐ 39　次の不等式を解け。

(1)　$\sqrt{x^2-x} \leqq 3-x$　　　　(2)　$\sqrt{13-x^2}>x+1$

☐ 40　次の関数のグラフと，その逆関数のグラフの共有点の座標を求めよ。

(1)　$y=\sqrt{x+6}$　　　　(2)　$y=\sqrt{21-5x}$

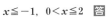

ヒント **39**　$A \geqq 0$ のとき，次が成り立つことを用いて解く。
[1]　$\sqrt{A}<B \iff B>0, \ A<B^2$　　[2]　$\sqrt{A}>B \iff A>B^2$ または $B<0$

第2章　極限

5　数列の極限

1　数列の極限

① **収束**　$\lim_{n \to \infty} a_n = \alpha$　　　　　　　　極限値は α である

② **発散**　$\begin{cases} \lim_{n \to \infty} a_n = \infty \\ \lim_{n \to \infty} a_n = -\infty \\ \text{振動する（上のいずれでもない）} \end{cases}$　　正の無限大に発散する

　　　　　　　　　　　　　　　　　　　負の無限大に発散する

　　　　　　　　　　　　　　　　　　　極限はない

2　数列の極限の性質

数列 $\{a_n\}$, $\{b_n\}$ が収束して，$\lim_{n \to \infty} a_n = \alpha$, $\lim_{n \to \infty} b_n = \beta$ とする。

①　$\lim_{n \to \infty} (ka_n + lb_n) = k\alpha + l\beta$　$(k, l$ は定数$)$

②　$\lim_{n \to \infty} a_n b_n = \alpha\beta$　　　　　　③　$\lim_{n \to \infty} \dfrac{a_n}{b_n} = \dfrac{\alpha}{\beta}$　$(\beta \neq 0)$

3　不定形の極限の計算

①　分数式は，分母の最高次の項で，分母・分子を割る。

②　無理式は，分母または分子の有理化を行う。

4　数列の極限と大小関係

$\lim_{n \to \infty} a_n = \alpha$, $\lim_{n \to \infty} b_n = \beta$ とする。

①　すべての n について $a_n \leq b_n$（または $a_n < b_n$）ならば　$\alpha \leq \beta$

②　すべての n について $a_n \leq c_n \leq b_n$ かつ $\alpha = \beta$ ならば

　　数列 $\{c_n\}$ は収束し　$\lim_{n \to \infty} c_n = \alpha$

注意　$\lim_{n \to \infty} a_n = \infty$ のとき，すべての n について $a_n \leq b_n$ ならば　$\lim_{n \to \infty} b_n = \infty$

注意　② を「はさみうちの原理」ということがある。

■■A■■

☐ **41**　第 n 項が次の式で表される数列の収束，発散について調べよ。

*(1)　$3n + 2$　　　　(2)　$4 - 2n^2$　　　*(3)　$\dfrac{3}{n}$　　　(4)　$3 - \dfrac{5}{n^2}$

☐ **42**　第 n 項が次の式で表される数列の収束，発散について調べよ。

(1)　$2(-1)^n$　　　(2)　$3n(-1)^n$　　*(3)　$(-1)^n + 2$　　*(4)　$\dfrac{(-1)^n}{4n}$

☐ **43**　第 n 項が次の式で表される数列の収束，発散について調べよ。

*(1)　3^n　　　　(2)　$(-3)^n$　　　(3)　$\left(-\dfrac{1}{3}\right)^n$　　*(4)　$\dfrac{(-2)^n}{3^n}$

☑ **44** 第 n 項が次の式で表される数列の収束，発散について調べよ。

   (1)　$\sqrt{2n-1}$ *(2)　$\log_{10} n$ (3)　$\sin n\pi$ *(4)　$\cos n\pi$

☑ **45** $\lim\limits_{n \to \infty} a_n = 2$，$\lim\limits_{n \to \infty} b_n = -4$ のとき，次の極限を求めよ。

   (1)　$\lim\limits_{n \to \infty} 4a_n$ *(2)　$\lim\limits_{n \to \infty} (2a_n + 5b_n)$ (3)　$\lim\limits_{n \to \infty} \dfrac{a_n}{b_n}$ (4)　$\lim\limits_{n \to \infty} \dfrac{a_n - 3b_n}{a_n + 3b_n}$

☑ **46** 第 n 項が次の式で表される数列の極限を求めよ。

   *(1)　$\dfrac{3n+1}{n}$ (2)　$\dfrac{2n}{4n-3}$ (3)　$\dfrac{3n-5}{2n+3}$

   *(4)　$\dfrac{n^2-2n}{n+1}$ *(5)　$\dfrac{2n+1}{3n^2+n^3}$ *(6)　$\dfrac{2n^2+3n-1}{5n^2-2n+3}$

☑ **47** 第 n 項が次の式で表される数列の極限を求めよ。

   (1)　$3n^2 - 2n$ *(2)　$4n - n^3$ (3)　$2n^3 - 3n^2 + 4$

☑***48** 第 n 項が次の式で表される数列の極限を求めよ。

   (1)　$(n+1)^2 - n^2$ (2)　$\dfrac{1}{n+1} - \dfrac{1}{n}$ (3)　$(n+1) - n$

   (4)　$\sqrt{n+1} - \sqrt{n}$ (5)　$\dfrac{1}{\sqrt{2n+3} - \sqrt{2n}}$ (6)　$n - \sqrt{n^2+1}$

☑ **49** 第 n 項が次の式で表される数列の極限を求めよ。

   (1)　$\sqrt{\dfrac{2n-1}{n+1}}$ *(2)　$\dfrac{\sqrt{4n}}{\sqrt{n+1} + \sqrt{9n}}$ *(3)　$\dfrac{2n}{\sqrt{n^2-n} + n}$

   (4)　$n - \sqrt{n}$ *(5)　$n^2 - \sqrt{n^3}$ (6)　$\sqrt{n^2+1} - n^2$

☑ ▊**A**の▊ **50** 次の極限を求めよ。
  まとめ

    (1)　$\lim\limits_{n \to \infty} \dfrac{3n+1}{n^2+1}$ (2)　$\lim\limits_{n \to \infty} \dfrac{(n+1)(n^2-2)}{1-2n^3}$

    (3)　$\lim\limits_{n \to \infty} (n^3 - n^2)$ (4)　$\lim\limits_{n \to \infty} (n\sqrt{n} - n^2)$

    (5)　$\lim\limits_{n \to \infty} (\sqrt{n^3+1} - \sqrt{n^3})$ (6)　$\lim\limits_{n \to \infty} (n - \sqrt{n^2+3})$

■■ 和の極限

例題 6 極限 $\displaystyle \lim_{n\to\infty} \frac{1\cdot n + 2\cdot(n-1) + \cdots\cdots + n\cdot 1}{1^2 + 2^2 + 3^2 + \cdots\cdots + n^2}$ を求めよ。

■指針■ **分母・分子が数列の和の極限** $\displaystyle\sum_{k=1}^{n} k$, $\displaystyle\sum_{k=1}^{n} k^2$ の公式を利用する。

解答

$(分子)=\displaystyle\sum_{k=1}^{n} k(n-k+1) = -\sum_{k=1}^{n} k^2 + (n+1)\sum_{k=1}^{n} k$

$\qquad = -\dfrac{1}{6}n(n+1)(2n+1) + (n+1)\cdot\dfrac{1}{2}n(n+1) = \dfrac{1}{6}n(n+1)(n+2)$

$(分母)=\displaystyle\sum_{k=1}^{n} k^2 = \dfrac{1}{6}n(n+1)(2n+1)$

よって $\quad (与式) = \displaystyle\lim_{n\to\infty}\frac{n+2}{2n+1} = \frac{1}{2}$ **答**

☐ 51 第 n 項が次の式で表される数列の極限を求めよ。

(1) $\sqrt{n^2+3n} - \sqrt{n^2-n}$
*(2) $\sqrt{n^2+4n} - n$
*(3) $\dfrac{1}{n - \sqrt{n^2+2n}}$

☐ 52 次の極限を求めよ。

*(1) $\displaystyle\lim_{n\to\infty}\frac{1^2 + 2^2 + \cdots\cdots + n^2}{n^3}$

(2) $\displaystyle\lim_{n\to\infty}\frac{1\cdot(n+1) + 2(n+2) + \cdots\cdots + n\cdot 2n}{n^3}$

*(3) $\displaystyle\lim_{n\to\infty}\frac{3+7+11+\cdots\cdots+(4n-1)}{3+5+7+\cdots\cdots+(2n+1)}$

(4) $\displaystyle\lim_{n\to\infty}\left(\frac{1+2+\cdots\cdots+n}{n+2} - \frac{n}{2}\right)$

☐ 53 次の条件を満たす数列 $\{a_n\}$ の例を，それぞれ1つずつあげよ。

(1) すべての n について $a_n > 5$ で $\displaystyle\lim_{n\to\infty} a_n = 5$

(2) 各項が互いに異なり，数列 $\{a_n\}$ は収束しないが $\displaystyle\lim_{n\to\infty} a_n{}^2 = 1$

☐ 54 数列 $\{a_n\}$, $\{b_n\}$, $\{c_n\}$ について，次の事柄は正しいか。正しいものは証明し，正しくないものは，その反例をあげよ。ただし，α は定数とする。

(1) $\displaystyle\lim_{n\to\infty} a_n = \infty$, $\displaystyle\lim_{n\to\infty} b_n = \infty$ ならば $\displaystyle\lim_{n\to\infty}(a_n - b_n) = 0$

*(2) $\displaystyle\lim_{n\to\infty} a_n = \infty$, $\displaystyle\lim_{n\to\infty} b_n = 0$ ならば $\displaystyle\lim_{n\to\infty} a_n b_n = 0$

(3) $b_n < a_n < c_n$, $\displaystyle\lim_{n\to\infty}(c_n - b_n) = 0$ ならば $\{a_n\}$ は収束する。

*(4) $\displaystyle\lim_{n\to\infty}(a_n - b_n) = 0$, $\displaystyle\lim_{n\to\infty} a_n = \alpha$ ならば $\displaystyle\lim_{n\to\infty} b_n = \alpha$

■ はさみうちの原理

例題 7 極限 $\lim\limits_{n\to\infty}\dfrac{1}{n}\cos n$ を求めよ。

■指針■ **数列の極限の大小関係** $a_n \leqq c_n \leqq b_n$ で $a_n \to A$, $b_n \to A$ ならば $c_n \to A$
ここでは，$-1 \leqq \cos n \leqq 1$ を利用する。

解答 $-1 \leqq \cos n \leqq 1$ であるから $-\dfrac{1}{n} \leqq \dfrac{1}{n}\cos n \leqq \dfrac{1}{n}$

ここで，$\lim\limits_{n\to\infty}\left(-\dfrac{1}{n}\right)=0$, $\lim\limits_{n\to\infty}\dfrac{1}{n}=0$ であるから

$$\lim\limits_{n\to\infty}\dfrac{1}{n}\cos n = \boldsymbol{0} \quad \boxed{\text{答}}$$

B

☑ **55** $\lim\limits_{n\to\infty}a_n=\infty$ のとき，$\lim\limits_{n\to\infty}\left(\sqrt{a_n{}^2+a_n+1}-\sqrt{a_n{}^2-a_n+1}\right)$ を求めよ。

☑ **56** a_n, b_n, c_n が次の関係を満たすとき，a_n, b_n, c_n の極限を求めよ。

[1] $0 < a_n < \dfrac{1}{n}$ 　　　　　　　　[2] $1-\dfrac{2}{n} < b_n < 1+\dfrac{3}{n}$

[3] $n-\dfrac{4}{n} < c_n < n+\dfrac{5}{n}$

☑ **57** 次の極限を求めよ。ただし，θ は定数とする。

*(1) $\lim\limits_{n\to\infty}\dfrac{(-1)^n}{2n+1}$ 　　　(2) $\lim\limits_{n\to\infty}\dfrac{1}{n}\sin\dfrac{n\pi}{2}$ 　　*(3) $\lim\limits_{n\to\infty}\dfrac{\cos^2 n\theta}{n^2+1}$

発展

☑ **58** 数列 $\{a_n\}$ に対して，$\lim\limits_{n\to\infty}\dfrac{a_n+5}{2a_n+1}=3$ のとき，$\lim\limits_{n\to\infty}a_n$ を求めよ。

☑ **59** 数列 $\{a_n\}$ に対して，$\lim\limits_{n\to\infty}(3n-1)a_n=-6$ のとき，次の極限を求めよ。

(1) $\lim\limits_{n\to\infty}a_n$ 　　　　　　　(2) $\lim\limits_{n\to\infty}na_n$

ヒント 58 $b_n=\dfrac{a_n+5}{2a_n+1}$ とおいて，a_n を b_n で表す。

59 **参考** 一般に $\lim\limits_{n\to\infty}A_n=\infty$, $\lim\limits_{n\to\infty}A_nB_n=(定数)$ ならば $\lim\limits_{n\to\infty}B_n=0$

6 無限等比数列

> **1** 無限等比数列 $\{r^n\}$ の極限
> ① $r>1$ のとき $\displaystyle\lim_{n\to\infty} r^n=\infty$
> $r=1$ のとき $\displaystyle\lim_{n\to\infty} r^n=1$ $\left.\vphantom{\begin{array}{c}1\\1\end{array}}\right\}$ 収束する
> $|r|<1$ のとき $\displaystyle\lim_{n\to\infty} r^n=0$
> $r\leqq-1$ のとき 振動する …… 極限はない
> ② $\{r^n\}$ が収束するための必要十分条件は $-1<r\leqq1$

■■A■■

☐ **60** 次の無限等比数列の極限を調べよ。

(1) $2,\ 4,\ 8,\ 16,\ \cdots\cdots$

(2) $100,\ 10,\ 1,\ \dfrac{1}{10},\ \cdots\cdots$

*(3) $-\dfrac{1}{3},\ \dfrac{1}{9},\ -\dfrac{1}{27},\ \cdots\cdots$

*(4) $1,\ -\sqrt{3},\ 3,\ -3\sqrt{3},\ \cdots\cdots$

☐ **61** 第 n 項が次の式で表される数列の極限を調べよ。

(1) 5^n

*(2) $\left(\dfrac{5}{6}\right)^n$

(3) $\left(\dfrac{6}{5}\right)^n$

(4) $\left(-\dfrac{5}{6}\right)^n$

*(5) $\left(-\dfrac{6}{5}\right)^n$

(6) $(-1)^{2n}$

☐ **62** 次の極限を求めよ。

*(1) $\displaystyle\lim_{n\to\infty}\dfrac{5^n-3^n}{4^n}$

*(2) $\displaystyle\lim_{n\to\infty}\dfrac{3^n}{5^n-1}$

*(3) $\displaystyle\lim_{n\to\infty}\dfrac{3^n-2^n}{2^n+3^n}$

(4) $\displaystyle\lim_{n\to\infty}\dfrac{(-3)^n}{2^n-1}$

(5) $\displaystyle\lim_{n\to\infty}(8^n-9^n)$

*(6) $\displaystyle\lim_{n\to\infty}\{(-2)^n+2^{2n}\}$

☐***63** 次の数列が収束するような x の値の範囲を求めよ。また，そのときの極限値を求めよ。

(1) 数列 $\{(x+2)^n\}$

(2) 数列 $\{(2x)^n\}$

☐ ■■Aの■■ まとめ **64** (1) 次の極限を求めよ。

(ア) $\displaystyle\lim_{n\to\infty}\dfrac{(-2)^n+2\cdot3^n}{3^n+2^n}$

(イ) $\displaystyle\lim_{n\to\infty}\{(-5)^n-2^{3n}\}$

(2) 数列 $\{(x-3)^n\}$ が収束するような x の値の範囲を求めよ。

漸化式（隣接 3 項間）と極限

例題 8　次の条件によって定められる数列 $\{a_n\}$ の極限を求めよ。
$$a_1=1,\ a_2=2,\ 3a_{n+2}=2a_{n+1}+a_n$$

指針　**漸化式（隣接 3 項間）と極限**　漸化式 $pa_{n+2}+qa_{n+1}+ra_n=0$ において，
$px^2+qx+r=0$ の 2 つの解を α, β とすると $a_{n+2}-\alpha a_{n+1}=\beta(a_{n+1}-\alpha a_n)$,
$a_{n+2}-\beta a_{n+1}=\alpha(a_{n+1}-\beta a_n)$ と変形できる。

解答　与えられた漸化式を変形すると　　$a_{n+2}-a_{n+1}=-\dfrac{1}{3}(a_{n+1}-a_n)$

よって，数列 $\{a_n\}$ の階差数列 $\{a_{n+1}-a_n\}$ は初項 $a_2-a_1=1$, 公比 $-\dfrac{1}{3}$ の等比数列である。

$n \geqq 2$ のとき　　$a_n=a_1+\displaystyle\sum_{k=1}^{n-1}\left(-\dfrac{1}{3}\right)^{k-1}=1+\dfrac{3}{4}\left\{1-\left(-\dfrac{1}{3}\right)^{n-1}\right\}$

したがって　　$\displaystyle\lim_{n\to\infty}a_n=1+\dfrac{3}{4}(1-0)=\dfrac{7}{4}$　**答**

65　次の数列が収束するような x の値の範囲を求めよ。

*(1)　$\{(x^2-2x-1)^n\}$　　　(2)　$\left\{\left(\dfrac{2x}{1+x}\right)^n\right\}$　　　(3)　$\{(\log_{10}x)^n\}$

66　数列 $\left\{\dfrac{1}{1+r^{2n}}\right\}$ の極限を，次の各場合について求めよ。

(1)　$|r|<1$　　　　　　　(2)　$|r|=1$　　　　　　　(3)　$|r|>1$

67　極限 $\displaystyle\lim_{n\to\infty}\dfrac{r^{2n+1}-1}{r^{2n}+1}$ を求めよ。

68　次の条件によって定められる数列 $\{a_n\}$ の一般項とその極限を求めよ。

*(1)　$a_1=0,\ a_{n+1}=1-\dfrac{1}{2}a_n$　　　(2)　$a_1=\dfrac{1}{2},\ a_{n+1}=\dfrac{a_n}{2a_n-3}$

(3)　$a_1=2,\ na_{n+1}=(n+1)a_n+1$

*(4)　$a_1=1,\ a_2=2,\ 3a_{n+2}=4a_{n+1}-a_n$

(5)　$a_1=1,\ a_2=2,\ a_{n+2}-6a_{n+1}+9a_n=0$

69　n を自然数とするとき，二項定理により，不等式 $(1+2)^n \geqq 1+2n+2n(n-1)$ が成り立つ。これを利用して，数列 $\left\{\dfrac{n}{3^n}\right\}$ の極限を求めよ。

7　無限級数

1　収束・発散の定義

無限級数 $\displaystyle\sum_{n=1}^{\infty} a_n$ の第 n 項までの部分和を S_n とする。

① 数列 $\{S_n\}$ が収束するとき，無限級数 $\displaystyle\sum_{n=1}^{\infty} a_n$ は収束する。

② 数列 $\{S_n\}$ が発散するとき，無限級数 $\displaystyle\sum_{n=1}^{\infty} a_n$ は発散する。

2　無限等比級数

$a+ar+ar^2+\cdots\cdots+ar^{n-1}+\cdots\cdots$ の収束，発散は次のようになる。

① $a \neq 0$ のとき　$|r|<1$ ならば収束し，その和は $\dfrac{a}{1-r}$

$\qquad\qquad\qquad$ $|r|\geqq1$ ならば発散する。

② $a=0$ のとき　収束し，その和は 0

注意 無限等比数列 $\{ar^{n-1}\}$ の級数が収束する必要十分条件は

$\qquad a=0$ 　または　$-1<r<1$

3　無限級数の和の性質

$\displaystyle\sum_{n=1}^{\infty} a_n$, $\displaystyle\sum_{n=1}^{\infty} b_n$ は収束する無限級数とする。

$\displaystyle\sum_{n=1}^{\infty} a_n=S$, $\displaystyle\sum_{n=1}^{\infty} b_n=T$ のとき　$\displaystyle\sum_{n=1}^{\infty} (ka_n+lb_n)=kS+lT$ 　（k, l は定数）

4　無限級数と数列の収束・発散の関係

① 無限級数 $\displaystyle\sum_{n=1}^{\infty} a_n$ が収束する $\Longrightarrow$ $\displaystyle\lim_{n\to\infty} a_n=0$

② 数列 $\{a_n\}$ が 0 に収束しない $\Longrightarrow$ 無限級数 $\displaystyle\sum_{n=1}^{\infty} a_n$ は発散する

注意 ② は ① の対偶である。また，一般に逆は成り立たない。

■■A■■

□***70** 次の無限級数の収束，発散を調べ，収束する場合は，その和を求めよ。

(1) $\dfrac{1}{2\cdot4}+\dfrac{1}{3\cdot5}+\dfrac{1}{4\cdot6}+\cdots\cdots+\dfrac{1}{(n+1)(n+3)}+\cdots\cdots$

(2) $\dfrac{1}{1+\sqrt{3}}+\dfrac{1}{\sqrt{2}+2}+\dfrac{1}{\sqrt{3}+\sqrt{5}}+\cdots\cdots+\dfrac{1}{\sqrt{n}+\sqrt{n+2}}+\cdots\cdots$

□ **71** 次の無限等比級数の収束，発散を調べ，収束する場合は，その和を求めよ。

*(1) $1+\sqrt{3}+3+\cdots\cdots$ 　　　　*(2) $1-\dfrac{1}{2}+\dfrac{1}{4}-\dfrac{1}{8}+\cdots\cdots$

(3) $0.2+0.18+0.162+\cdots\cdots$ 　　　(4) $\sqrt{3}-3+3\sqrt{3}-\cdots\cdots$

*(5) $-2+2-2+\cdots\cdots$ 　　　　　*(6) $(3+\sqrt{2})-(2\sqrt{2}-1)+\cdots\cdots$

☑ **72** 次の無限等比級数が収束するような実数 x の値の範囲を求めよ。また，その
ときの和を求めよ。

*(1) $1+2x+4x^2+\cdots\cdots$ (2) $2-x+\dfrac{x^2}{2}-\cdots\cdots$

(3) $x+x(3-x)+x(3-x)^2+\cdots\cdots$ *(4) $(3-x)+x(3-x)+x^2(3-x)+\cdots\cdots$

☑ **73** 次の循環小数を分数に直せ。

(1) $0.\dot{7}$ (2) $0.6\dot{1}$ *(3) $0.\dot{3}\dot{6}$ *(4) $0.2\dot{5}0\dot{4}$

☑ **74** 次の無限級数の和を求めよ。

*(1) $\displaystyle\sum_{n=1}^{\infty}\left(\dfrac{1}{3^n}+\dfrac{1}{4^n}\right)$ (2) $\displaystyle\sum_{n=1}^{\infty}\dfrac{2^n-1}{5^n}$

☑ **75** 次の無限級数は発散することを証明せよ。

*(1) $1+\dfrac{2}{3}+\dfrac{3}{5}+\cdots\cdots+\dfrac{n}{2n-1}+\cdots\cdots$

(2) $2-4+6-\cdots\cdots+(-1)^{n-1}\cdot 2n+\cdots\cdots$

☑ **Aの まとめ** **76** (1) 次の無限級数の収束，発散を調べ，収束する場合は，その和を
求めよ。

$$\dfrac{1}{1\cdot 5}+\dfrac{1}{5\cdot 9}+\dfrac{1}{9\cdot 13}+\cdots\cdots+\dfrac{1}{(4n-3)(4n+1)}+\cdots\cdots$$

(2) 次の無限等比級数が収束するような実数 x の値の範囲を求めよ。

$$(2+x)-\dfrac{(2+x)x}{2}+\dfrac{(2+x)x^2}{4}-\dfrac{(2+x)x^3}{8}+\cdots\cdots$$

B

☑ **77** 次の無限級数の収束，発散を調べ，収束する場合は，その和を求めよ。

$$1+\dfrac{1}{1+2}+\dfrac{1}{1+2+3}+\cdots\cdots+\dfrac{1}{1+2+\cdots\cdots+n}+\cdots\cdots$$

☑ **78** 次の無限級数の和を求めよ。

*(1) $\displaystyle\sum_{n=1}^{\infty}\left(\dfrac{1}{3}\right)^n\cos n\pi$ (2) $\displaystyle\sum_{n=1}^{\infty}\left(-\dfrac{1}{3}\right)^n\sin\dfrac{n\pi}{2}$

(3) $\left(2-\dfrac{3}{2}\right)+\left(\dfrac{2}{3}-\dfrac{3}{4}\right)+\left(\dfrac{2}{9}-\dfrac{3}{8}\right)+\cdots\cdots+\left(\dfrac{2}{3^{n-1}}-\dfrac{3}{2^n}\right)+\cdots\cdots$

☑***79** ある無限等比級数の和が 16，第 2 項が -5 であるとき，初項と公比を求めよ。

■■円の面積の総和

| 例題 **9** | 1辺の長さが3の正三角形 ABC の内接円を O_1 とし，円 O_1 に外接し，辺 AB，AC と接する円を O_2 とする。以下，このように辺 AB，AC に接する円を次々に作るとき，すべての円の面積の和を求めよ。 |

■指針■ **無限等比級数の応用** 半径 r_n と r_{n+1} の間の関係を求める。

解答 円 O_n の半径を r_n，面積を S_n とすると，右の図から

$$(r_n + r_{n+1}) \sin 30° = r_n - r_{n+1}$$

よって $r_{n+1} = \dfrac{1}{3} r_n$ ゆえに $S_{n+1} = \dfrac{1}{9} S_n$

また，$r_1 = \dfrac{3}{2} \tan 30° = \dfrac{\sqrt{3}}{2}$ であるから $S_1 = \dfrac{3}{4}\pi$

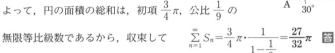

よって，円の面積の総和は，初項 $\dfrac{3}{4}\pi$，公比 $\dfrac{1}{9}$ の

無限等比級数であるから，収束して $\displaystyle\sum_{n=1}^{\infty} S_n = \dfrac{3}{4}\pi \cdot \dfrac{1}{1 - \dfrac{1}{9}} = \dfrac{27}{32}\pi$ **答**

■■■ B ■■■

☐ *80 無限等比級数 $1 + \dfrac{1}{7} + \dfrac{1}{7^2} + \dfrac{1}{7^3} + \cdots\cdots$ の和 S と，この無限等比級数の第何項

までの和との差が初めて $\dfrac{1}{10000}$ より小さくなるか。

☐ 81 次の無限等比級数が収束するような実数 x の値の範囲とその和を求めよ。

*(1) $x + x(x^2 - x - 1) + x(x^2 - x - 1)^2 + x(x^2 - x - 1)^3 + \cdots\cdots$

(2) $\cos x - \cos^2 x + \cos^3 x - \cos^4 x + \cdots\cdots$

☐ 82 次の無限等比級数で表される関数 $f(x)$ のグラフをかけ。

(1) $f(x) = x + x^2 + x^3 + \cdots\cdots$ *(2) $f(x) = x + \dfrac{x}{1-x} + \dfrac{x}{(1-x)^2} + \cdots\cdots$

☐ 83 ある球を床に落とすと，常に落ちる高さの $\dfrac{3}{5}$ まではね返るという。この球を

10 m の高さから落としたとき，床で静止するまでに，この球が上下する総距離を求めよ。

☐ *84 $A = 60°$，$B = 30°$，$AC = a$ である直角三角形 ABC 内に，右の図のように正方形 S_1，S_2，S_3，$\cdots\cdots$ が限りなく並んでいる。このとき，すべての正方形の面積の和を求めよ。

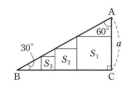

無限級数の和

例題 10

無限級数 $1+1+\dfrac{1}{2}-\dfrac{1}{3}+\dfrac{1}{4}+\dfrac{1}{9}+\cdots\cdots+\left(\dfrac{1}{2}\right)^{n-1}+\left(-\dfrac{1}{3}\right)^{n-1}+\cdots\cdots$ の収束, 発散を調べ, 収束する場合は, その和を求めよ。

指針 **無限級数** $a_1+b_1+a_2+b_2+a_3+\cdots\cdots$ 部分和 S_n が 1 つの式で表せないときは S_{2n-1}, S_{2n} などを求めて, 両者の極限が一致するかを調べる。一致すれば収束し, 一致しなければ発散。なお, 順序を入れ替えて, $(a_1+a_2+\cdots\cdots)+(b_1+b_2+\cdots\cdots)$ としてはいけない。

解答 第 n 項までの部分和を S_n とする。

この無限級数の第 $(2n-1)$ 項は $\left(\dfrac{1}{2}\right)^{n-1}$, 第 $2n$ 項は $\left(-\dfrac{1}{3}\right)^{n-1}$ であるから

$$S_{2n}=1+1+\frac{1}{2}-\frac{1}{3}+\cdots\cdots+\left(\frac{1}{2}\right)^{n-1}+\left(-\frac{1}{3}\right)^{n-1}=\sum_{k=1}^{n}\left(\frac{1}{2}\right)^{k-1}+\sum_{k=1}^{n}\left(-\frac{1}{3}\right)^{k-1}$$

ここで $\displaystyle\sum_{n=1}^{\infty}\left(\frac{1}{2}\right)^{n-1}=\frac{1}{1-\dfrac{1}{2}}=2$, $\displaystyle\sum_{n=1}^{\infty}\left(-\frac{1}{3}\right)^{n-1}=\frac{1}{1-\left(-\dfrac{1}{3}\right)}=\frac{3}{4}$

ゆえに $\displaystyle\lim_{n\to\infty}S_{2n}=2+\frac{3}{4}=\frac{11}{4}$ また, $S_{2n-1}=S_{2n}-\left(-\dfrac{1}{3}\right)^{n-1}$ から

$$\lim_{n\to\infty}S_{2n-1}=\lim_{n\to\infty}\left\{S_{2n}-\left(-\frac{1}{3}\right)^{n-1}\right\}=\lim_{n\to\infty}S_{2n}$$

よって $\displaystyle\lim_{n\to\infty}S_n=\lim_{n\to\infty}S_{2n-1}=\frac{11}{4}$ **答** 無限級数は収束して, その和は $\dfrac{11}{4}$

第2章 極限

B

☑ **85** $|r|<1$ のとき, $\displaystyle\lim_{n\to\infty}nr^n=0$ を利用して, 次の無限級数の和を求めよ。

*(1) $1+\dfrac{2}{2}+\dfrac{3}{4}+\dfrac{4}{8}+\cdots\cdots+\dfrac{n}{2^{n-1}}+\cdots\cdots$

(2) $1-\dfrac{3}{3}+\dfrac{5}{9}-\dfrac{7}{27}+\cdots\cdots+(-1)^{n-1}\dfrac{2n-1}{3^{n-1}}+\cdots\cdots$

発展

☑ **86** 次の無限級数の収束, 発散を調べ, 収束する場合は, その和を求めよ。

(1) $1+\dfrac{1}{2}+\dfrac{1}{3}+\dfrac{1}{4}+\dfrac{1}{9}+\dfrac{1}{8}+\cdots\cdots+\dfrac{1}{3^{n-1}}+\dfrac{1}{2^n}+\cdots\cdots$

(2) $3-\dfrac{5}{2}+\dfrac{5}{2}-\dfrac{7}{3}+\dfrac{7}{3}-\dfrac{9}{4}+\cdots\cdots+\dfrac{2n+1}{n}-\dfrac{2n+3}{n+1}+\cdots\cdots$

☑ **87** $\displaystyle\sum_{n=1}^{\infty}\frac{1}{n}$ が発散することを用いて, $\displaystyle\sum_{n=1}^{\infty}\frac{1}{\sqrt{n}}$ が発散することを示せ。

ヒント 87 $T_n\leqq S_n$ のとき, $T_n\longrightarrow\infty$ ならば $S_n\longrightarrow\infty$

参考 無限級数 $\displaystyle\sum_{n=1}^{\infty}\frac{1}{n^k}$ は $k>1$ のとき収束し, $k\leqq 1$ のとき発散する。

8 関数の極限

1 **関数の極限の性質** $\lim_{x \to a} f(x) = \alpha$, $\lim_{x \to a} g(x) = \beta$ とし，k, l は定数とする。

$$\lim_{x \to a} \{kf(x) + lg(x)\} = k\alpha + l\beta, \quad \lim_{x \to a} f(x)g(x) = \alpha\beta, \quad \lim_{x \to a} \frac{f(x)}{g(x)} = \frac{\alpha}{\beta} \quad (\beta \neq 0)$$

注意 $x \longrightarrow a$ を $x \longrightarrow \infty$, $x \longrightarrow -\infty$ でおき換えても成り立つ。

2 **片側からの極限** $\lim_{x \to a+0} f(x) = \lim_{x \to a-0} f(x) = \alpha \iff \lim_{x \to a} f(x) = \alpha$

また，$\lim_{x \to a+0} f(x) \neq \lim_{x \to a-0} f(x)$ のとき，$x \longrightarrow a$ のときの $f(x)$ の極限はない。

■■A■■

■次の極限を求めよ。[**88～91**]

☐ **88** (1) $\lim_{x \to -1} (x^2 + x)$ 　*(2) $\lim_{x \to 0} \dfrac{x^2 - 1}{x + 2}$ 　(3) $\lim_{t \to 1} \sqrt{2t + 7}$

☐ **89** *(1) $\lim_{x \to 0} \dfrac{x^2 - 3x}{x}$ 　*(2) $\lim_{x \to 1} \dfrac{x^2 + x - 2}{x^2 - 4x + 3}$ 　(3) $\lim_{x \to 0} \dfrac{1}{x}\left(1 + \dfrac{1}{x - 1}\right)$

☐ **90** (1) $\lim_{x \to 9} \dfrac{x - 9}{\sqrt{x} - 3}$ 　*(2) $\lim_{x \to 2} \dfrac{x - \sqrt{x + 2}}{x - 2}$ 　(3) $\lim_{x \to 0} \dfrac{\sqrt{1 + x} - \sqrt{1 - x}}{x}$

☐ **91** (1) $\lim_{x \to 1} \dfrac{1}{(x - 1)^2}$ 　*(2) $\lim_{x \to 0} \left(\dfrac{1}{x^2} - 3\right)$ 　(3) $\lim_{x \to -1} \left\{2 - \dfrac{1}{(x + 1)^2}\right\}$

☐ ***92** 次の極限を調べよ。実数 x に対して，$[x]$ は x 以下の最大の整数を表す。

(1) $\lim_{x \to 2-0} [x]$ 　(2) $\lim_{x \to 2} \dfrac{1}{x - 2}$ 　(3) $\lim_{x \to 0} \dfrac{2x^2 + 3x}{|x|}$

☐ **93** 次の極限を求めよ。

(1) $\lim_{x \to \infty} \dfrac{1}{x + 2}$ 　*(2) $\lim_{x \to -\infty} \dfrac{3x^2 - 5x - 2}{x^2 - 3x + 2}$ 　(3) $\lim_{x \to -\infty} \dfrac{x^3}{1 + x^2}$

*(4) $\lim_{x \to \infty} \left(\dfrac{1}{2}\right)^x$ 　(5) $\lim_{x \to \infty} (5^x - 3^x)$ 　*(6) $\lim_{x \to \infty} \log_2 \dfrac{x + 2}{2x - 3}$

☐ ■**A**の■ **94** 次の極限を求めよ。
　まとめ
(1) $\lim_{x \to 1} \dfrac{\sqrt{x + 8} - 3}{x - 1}$ 　(2) $\lim_{x \to 3-0} \dfrac{x^2 - 9}{|x - 3|}$ 　(3) $\lim_{x \to \infty} \dfrac{x}{x - 5}$

■■B■■

☐ ***95** 次の極限を調べよ。ただし，a は定数とする。

(1) $\lim_{x \to 0} \left(\dfrac{1}{2}\right)^{\frac{1}{x}}$ 　(2) $\lim_{x \to -1-0} \dfrac{x - a}{x^2 - 1}$ 　(3) $\lim_{x \to \infty} (7^x + 4^x)^{\frac{1}{x}}$

■ $x \longrightarrow -\infty$ のときの関数の極限

例題 11

次の極限を求めよ。

$$\lim_{x \to -\infty} (\sqrt{9x^2+2x}+3x)$$

指針 関数の極限　$x \longrightarrow -\infty$ のときは，$x=-t$ とおき $t \longrightarrow \infty$ のときの極限を考える。

解答 $x=-t$ とおくと，$x \longrightarrow -\infty$ のとき $t \longrightarrow \infty$ であるから

$$\lim_{x \to -\infty} (\sqrt{9x^2+2x}+3x)=\lim_{t \to \infty}(\sqrt{9t^2-2t}-3t)=\lim_{t \to \infty}\frac{(\sqrt{9t^2-2t}-3t)(\sqrt{9t^2-2t}+3t)}{\sqrt{9t^2-2t}+3t}$$

$$=\lim_{t \to \infty}\frac{-2t}{\sqrt{9t^2-2t}+3t}=\lim_{t \to \infty}\frac{-2}{\sqrt{9-\dfrac{2}{t}}+3}=\frac{-2}{6}=-\frac{1}{3}$$ **答**

▦ B ▦

■ 次の極限を求めよ。[96~98]

96 (1) $\displaystyle\lim_{x \to -1}\frac{\sqrt{x^2+3}+2x}{x+1}$ 　　(2) $\displaystyle\lim_{x \to \infty}\frac{2^x-3^x}{2^x+3^x}$

97 (1) $\displaystyle\lim_{x \to \infty}\frac{\sqrt{2x-3}}{\sqrt{x-1}+\sqrt{x+3}}$ 　　*(2) $\displaystyle\lim_{x \to \infty}(\sqrt{x^2+2x}-\sqrt{x^2+1})$

98 (1) $\displaystyle\lim_{x \to \infty}(\sqrt{x^2+4x}-x)$ 　　*(2) $\displaystyle\lim_{x \to -\infty}(\sqrt{x^2+4x}+x)$

　　(3) $\displaystyle\lim_{x \to -\infty}\frac{\sqrt{2}\,x}{\sqrt{2x^2+x}+\sqrt{2x^2-x}}$ 　　(4) $\displaystyle\lim_{x \to -\infty}(\sqrt{x^2+x+1}-\sqrt{x^2-x+1})$

99 次の等式が成り立つように，定数 a，b の値を定めよ。

　　(1) $\displaystyle\lim_{x \to 1}\frac{x^2+ax+b}{x-1}=1$ 　　*(2) $\displaystyle\lim_{x \to 1}\frac{(a+1)x+b}{\sqrt{x+3}-2}=8$

　　(3) $\displaystyle\lim_{x \to \infty}\frac{ax^2+bx+4}{x+3}=5$ 　　*(4) $\displaystyle\lim_{x \to \infty}(\sqrt{x^2+ax}-bx)=4$

100 次の2つの条件を満たす多項式 $f(x)$ を求めよ。

　　[1] $\displaystyle\lim_{x \to \infty}\frac{f(x)}{x^2-4}=3$ 　　[2] $\displaystyle\lim_{x \to 2}\frac{f(x)}{x^2-4}=6$

101 双曲線 $xy=k^2$（k は正の定数）上に点 A(k, k) を
とる。この曲線の第1象限にある部分の上にAと
異なる点Pをとり，Pを通り直線PAに垂直な直
線を引き，直線OA との交点をQとする。点Pが
この双曲線にそって点Aに限りなく近づくとき，
点Qが近づいていく点の座標を求めよ。ただし，
Oは原点とする。

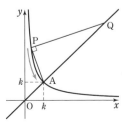

9 三角関数と極限

■■ A ■■

☑*102 次の極限を調べよ。

(1) $\lim_{x \to \frac{3}{2}\pi} \sin x$ (2) $\lim_{x \to \frac{3}{2}\pi} \cos x$ (3) $\lim_{x \to \frac{3}{2}\pi} \tan x$

(4) $\lim_{x \to \infty} \sin x$ (5) $\lim_{x \to -\infty} \cos \dfrac{2}{x}$ (6) $\lim_{x \to -0} \tan \dfrac{1}{x}$

■ 次の極限を求めよ。[**103**，**104**]

☑ **103** *(1) $\lim_{x \to 0} \dfrac{\sin 5x}{x}$ (2) $\lim_{x \to 0} \dfrac{x}{\sin 3x}$ (3) $\lim_{x \to 0} \dfrac{\sin(-2x)}{x}$

     *(4) $\lim_{x \to 0} \dfrac{\sin 2x}{\sin 4x}$ *(5) $\lim_{x \to 0} \dfrac{\sin 2x}{\tan x}$ (6) $\lim_{x \to 0} \dfrac{\sin(-x)}{\tan x}$

☑ **104** *(1) $\lim_{x \to 0} \dfrac{1 - \cos x}{\sin x}$ (2) $\lim_{x \to 0} \dfrac{\sin^2 x}{1 - \cos x}$

     (3) $\lim_{x \to 0} \dfrac{\cos x - 1}{3x^2}$ *(4) $\lim_{x \to 0} \dfrac{\sin x - \tan 2x}{x}$

☑ ■Aの■ まとめ **105** 次の極限を求めよ。

(1) $\lim_{x \to 0} \dfrac{x}{\tan x}$ (2) $\lim_{x \to 0} \dfrac{\sin 3x}{x}$ (3) $\lim_{x \to 0} \dfrac{1 - \cos 3x}{3x^2}$

■■ B ■■

☑ **106** 次の極限を求めよ。

(1) $\lim_{x \to \infty} 2x \sin \dfrac{1}{x}$ (2) $\lim_{x \to \pi} \dfrac{\sin x}{x - \pi}$

■ 極限の応用

例題 12

半径 r の円Oの周上に定点Aと動点Pがある。PからAにおける円Oの接線に垂線 PH を下ろろ。Pが円Oの周に沿ってAに限りなく近づくとき，$\dfrac{\overset{\frown}{PA}}{PA}$，$\dfrac{AH^2}{PH}$ の極限を求めよ。

指 針 **極限の応用** 変数をうまく定め，$\dfrac{\sin\theta}{\theta}$ などの極限に帰着させる。

解 答

$\angle POA=\theta$ とする。PはAに限りなく近づくから，$0<\theta<\dfrac{\pi}{2}$ としてよい。

$$\overset{\frown}{PA}=r\theta,\ \ PA=2r\sin\frac{\theta}{2},\ \ AH=r\sin\theta,\ \ PH=r(1-\cos\theta)$$

Pが円Oの周に沿ってAに限りなく近づくとき　$\theta \longrightarrow +0$

よって，求める極限は

$$\lim_{\theta\to +0}\frac{\overset{\frown}{PA}}{PA}=\lim_{\theta\to +0}\frac{r\theta}{2r\sin\frac{\theta}{2}}=\lim_{\theta\to +0}\frac{\frac{\theta}{2}}{\sin\frac{\theta}{2}}=\boldsymbol{1}\ \ \text{答}$$

$$\lim_{\theta\to +0}\frac{AH^2}{PH}=\lim_{\theta\to +0}\frac{r^2\sin^2\theta}{r(1-\cos\theta)}$$
$$=\lim_{\theta\to +0}r(1+\cos\theta)=\boldsymbol{2r}\ \ \text{答}$$

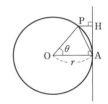

107 次の極限を求めよ。

(1) $\displaystyle\lim_{x\to\infty}\frac{\sin 4x}{x}$

(2) $\displaystyle\lim_{x\to 0}\frac{\sin 4x}{x}$

(3) $\displaystyle\lim_{x\to\infty}x\sin\frac{1}{4x}$

(4) $\displaystyle\lim_{x\to 0}x\sin\frac{1}{4x}$

108 次の極限を求めよ。

(1) $\displaystyle\lim_{x\to 0}\frac{\sin\pi x}{x}$

*(2) $\displaystyle\lim_{x\to 0}\frac{\sin x°}{x}$

*(3) $\displaystyle\lim_{x\to 0}\frac{\sin(\sin x)}{\sin x}$

*(4) $\displaystyle\lim_{x\to 0}\frac{x\tan x}{1-\cos x}$

*(5) $\displaystyle\lim_{x\to 1}\frac{\sin\pi x}{x-1}$

(6) $\displaystyle\lim_{x\to\infty}\frac{x^2}{x-3}\sin\frac{1}{x}$

109 等式 $\displaystyle\lim_{x\to 0}\frac{\sqrt{ax+1}+b}{\sin x}=2$ が成り立つような定数 a，b の値を求めよ。

*110 半径 r の円Oの周上に定点Aと動点Pがある。Aにおける円Oの接線上に AQ＝AP であるような点QをOAに関してPと同じ側にとる。Pが円Oの周に沿ってAに限りなく近づくとき，$\dfrac{PQ}{\overset{\frown}{AP}^2}$ の極限を求めよ。

10 関数の連続性

■■■ A ■■■

☑*111 次の関数 $f(x)$ が，$x=0$ で連続であるか不連続であるかを調べよ。

(1) $f(x)=x^2-2x$

(2) $f(x)=\begin{cases} x-2 & (x \geqq 0) \\ 2-x & (x<0) \end{cases}$

(3) $f(x)=\begin{cases} x+1 & (x \neq 0) \\ 3 & (x=0) \end{cases}$

(4) $f(x)=\sqrt{3x}$

(5) $f(x)=[2x]$

(6) $f(x)=|x|$

☑*112 $x \neq 0$ のとき $f(x)=\dfrac{1}{x}\sin x$, $f(0)=1$ である関数 $f(x)$ は $x=0$ で連続であることを示せ。

☑*113 次の関数がすべての区間で連続になるように，定数 a の値を定めよ。

$$f(x)=\begin{cases} ax+1 & (x>2) \\ x^2 & (x \leqq 2) \end{cases}$$

☑ 114 次の関数は最大値，最小値をもつか。もしもつならば，その値を求めよ。

(1) $f(x)=|2x-3| \quad (-1 \leqq x \leqq 2)$

(2) $f(x)=x^2-x \quad (0<x<2)$

☑ 115 次の方程式は，与えられた範囲に少なくとも1つの実数解をもつことを示せ。

*(1) $2^x-3x-5=0 \quad (4<x<5)$

(2) $1-x\cos x=0 \quad (\pi<x<2\pi)$

☑ ■Aの■ まとめ 116 次の関数が，$x=0$ で連続であるか不連続であるかを調べよ。

$$f(x)=\begin{cases} \dfrac{x^2+3x}{|x|} & (x \neq 0) \\ 0 & (x=0) \end{cases}$$

■ 極限で表された関数の連続性

例題 13 関数 $y=\lim\limits_{n\to\infty}\dfrac{x^2(1-x^n)}{1+|x|^n}$ の連続性を調べ，そのグラフをかけ。

指針 **極限で表された関数** 定義域は極限値が存在するような x の値の範囲である。まず，収束条件から定義域を求める。

解答

[1] $-1<x<1$ のとき $\quad\lim\limits_{n\to\infty}x^n=0$ であるから $\quad y=x^2$

[2] $x=1$ のとき $\quad y=0$

[3] $1<x$ のとき $\quad y=\lim\limits_{n\to\infty}\dfrac{x^2(1-x^n)}{1+x^n}=-x^2$

[4] $x=-1$ のとき $\quad y=\lim\limits_{n\to\infty}\dfrac{1-(-1)^n}{2}$ から極限値はない。

[5] $x<-1$ のとき

$$y=\lim_{n\to\infty}\frac{x^2\left\{\dfrac{1}{(-x)^n}-(-1)^n\right\}}{\dfrac{1}{(-x)^n}+1}$$ から極限値はない。

よって，定義域 $x>-1$ において，**$x=1$ で不連続，他で連続** である。グラフは **右の図** のようになる。 **答**

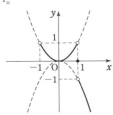

▦▦▦ **B** ▦▦▦

☑ **117** 次の関数の定義域をいえ。また，定義域における連続性について調べよ。

*(1) $f(x)=\dfrac{x+1}{x^2-1}$

(2) $f(x)=\sqrt{6x-x^2}$

*(3) $f(x)=x-[x]$

(4) $f(x)=\log_2\dfrac{x}{x+2}$

☑ ***118** $x\leqq0$ のとき $f(x)=1$，$0<x<\pi$ のとき $f(x)=\dfrac{ax^2}{1-\cos x}$，$x\geqq\pi$ のとき $f(x)=b$ である関数 $f(x)$ が，すべての区間で連続であるように，定数 a，b の値を定めよ。

☑ **119** 次の関数のグラフをかき，定義域をいえ。また，その定義域において，不連続となることがあれば，その x の値を求めよ。

*(1) $y=\lim\limits_{n\to\infty}\dfrac{x(1-x^n)}{1+|x|^n}$

(2) $y=\lim\limits_{n\to\infty}\sin^n x$

☑ ***120** (1) $x^3+x^2-2x-1=0$ の実数解は，どんな連続 2 整数の間にあるか。

(2) 3 次方程式は，少なくとも 1 つの実数解をもつことを示せ。

11　第 2 章　演習問題

■■ **文章題（ぬりつぶし）**

例題 14

1 辺の長さが 1 の正方形 P がある。P を下のように 4 等分した左上の正方形 1 個を黒くぬる。次に残りの 3 つの正方形をそれぞれ 4 等分し，それぞれの左上の正方形 1 個を黒くぬる。これを限りなくくり返したとき，黒い部分の面積の総和を求めよ。

指針　**文章題**　問題の設定を正しく把握する。1 回目の操作から次の操作に移るとき，どのように加わるかを見つけ出す。

解答　各回の操作で新たに黒くぬられる正方形の個数は 1 個，3 個，3^2 個，…… であり，

正方形 1 個の面積は $\dfrac{1}{4}$，$\dfrac{1}{4^2}$，$\dfrac{1}{4^3}$，…… である。

よって，黒い部分の面積の総和は

$$\frac{1}{4}\cdot 1+\frac{1}{4^2}\cdot 3+\frac{1}{4^3}\cdot 3^2+\cdots\cdots=\frac{1}{4}+\frac{1}{4}\cdot\frac{3}{4}+\frac{1}{4}\cdot\left(\frac{3}{4}\right)^2+\cdots\cdots=\frac{\dfrac{1}{4}}{1-\dfrac{3}{4}}=1$$ **答**

☐ **121** 極限 $\displaystyle\lim_{n\to\infty}\frac{1+r^{n+1}-r^{n+2}}{1-r+r^{n+1}}$ を求めよ。

☐ **122** 面積 1 の正三角形 A_0 から始めて，図のように図形 A_1，A_2，…… を作る。ここで A_n は，A_{n-1} の各辺の三等分点を頂点にもつ正三角形を A_{n-1} の外側につけ加えてできる図形である。

(1) 図形 A_n の辺の数を求めよ。

(2) 図形 A_n の面積を S_n とするとき，$\displaystyle\lim_{n\to\infty}S_n$ を求めよ。

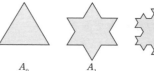

A_0　　A_1　　A_2

発展

☐ **123** 数列 $\{a_n\}$ は，$a_1=2$，$a_{n+1}=1+\sqrt{1+a_n}$ $(n=1,\ 2,\ 3,\ \cdots\cdots)$ で定義されている。このとき，次のことを示せ。

(1) $0<a_n<3$

(2) $3-a_n\leqq\left(\dfrac{1}{3}\right)^{n-1}(3-a_1)$

(3) $\displaystyle\lim_{n\to\infty}a_n=3$

連続関数になるように関数の係数決定

例題 15 $f(x)=\lim\limits_{n\to\infty}\dfrac{x^{2n}-x^{2n-1}+ax^2+bx}{x^{2n}+1}$ がすべての x について連続であるように，定数 a，b の値を定めよ。

指針 **極限で表された関数** 連続かどうか不明な点で連続になるようにする。

$x=c$ で連続 $\iff \lim\limits_{x\to c-0}f(x)=\lim\limits_{x\to c+0}f(x)=f(c)$

解答

[1] $-1<x<1$ のとき $f(x)=\dfrac{0-0+ax^2+bx}{0+1}=ax^2+bx$

[2] $x<-1$，$1<x$ のとき $f(x)=\lim\limits_{n\to\infty}\dfrac{1-\dfrac{1}{x}+\dfrac{a}{x^{2n-2}}+\dfrac{b}{x^{2n-1}}}{1+\dfrac{1}{x^{2n}}}=1-\dfrac{1}{x}$

[3] $x=1$ のとき $f(1)=\dfrac{a+b}{2}$

[4] $x=-1$ のとき $f(-1)=\dfrac{2+a-b}{2}$

以上から，$f(x)$ は $x<-1$，$-1<x<1$，$1<x$ で，それぞれ連続である。
よって，$f(x)$ がすべての x について連続であるためには，$x=\pm1$ で連続であればよい。

$\lim\limits_{x\to1-0}f(x)=\lim\limits_{x\to1-0}(ax^2+bx)=a+b$, $\lim\limits_{x\to1+0}f(x)=\lim\limits_{x\to1+0}\left(1-\dfrac{1}{x}\right)=0$,

$\lim\limits_{x\to-1-0}f(x)=\lim\limits_{x\to-1-0}\left(1-\dfrac{1}{x}\right)=2$, $\lim\limits_{x\to-1+0}f(x)=\lim\limits_{x\to-1+0}(ax^2+bx)=a-b$

$f(x)$ が $x=\pm1$ で連続であるための条件は

$a+b=0=\dfrac{a+b}{2}$ かつ $2=a-b=\dfrac{2+a-b}{2}$

これを解いて $a=1$，$b=-1$ **答**

B

124 $f(x)=\lim\limits_{n\to\infty}\dfrac{x^{2n+2}+ax^{2n+1}+bx^2}{x^{2n}+1}$ がすべての x について連続であるように，定数 a，b の値を定めよ。

125 点 $P(a,\ b)$ を曲線 $y=\sin^2x\left(0<x\leqq\dfrac{\pi}{2}\right)$ 上にとり，点 $(\sqrt{a^2+b^2},\ 0)$ を Q とし，直線 PQ と y 軸の交点を R とする。

(1) 原点を O とする。線分 OR の長さを a，b で表せ。

(2) $\lim\limits_{a\to+0}\dfrac{b}{a^2}$ を求めよ。

(3) 点 P が原点 O に近づくとき，点 R はどんな点に近づくか。

第3章 微分法

12 微分係数と導関数，導関数の計算

1 **微分可能と連続** 関数 $f(x)$ が $x=a$ で微分可能ならば，$x=a$ で連続。

注意 逆は不成立。 **例** $f(x)=|x|$

2 **関数 $f(x)$ の導関数** $f'(x)=\lim\limits_{h\to 0}\dfrac{f(x+h)-f(x)}{h}$

3 **導関数の公式** $f(x)$，$g(x)$，$h(x)$ を微分可能な関数とする。

① **基本公式** $\{kf(x)+lg(x)\}'=kf'(x)+lg'(x)$ （k, l は定数）

② **積の導関数** $\{f(x)g(x)\}'=f'(x)g(x)+f(x)g'(x)$

$\{f(x)g(x)h(x)\}'=f'(x)g(x)h(x)+f(x)g'(x)h(x)+f(x)g(x)h'(x)$

③ **商の導関数** $\left\{\dfrac{f(x)}{g(x)}\right\}'=\dfrac{f'(x)g(x)-f(x)g'(x)}{\{g(x)\}^2}$

④ **合成関数の導関数** $y=f(u)$ が u の関数として微分可能，$u=g(x)$ が x の関数として微分可能であるとき $\dfrac{dy}{dx}=\dfrac{dy}{du}\cdot\dfrac{du}{dx}$

⑤ **逆関数の導関数** $y=f(x)$ の逆関数 $y=f^{-1}(x)$ が存在するとき $\dfrac{dy}{dx}=\dfrac{1}{\dfrac{dx}{dy}}$

⑥ **x^p の導関数** p が有理数（実数も可）のとき $(x^p)'=px^{p-1}$ （$x>0$）

▓▓ A ▓▓

☑ **126** 関数 $f(x)=|x^2-4|$ は $x=2$ で微分可能でないことを示せ。

☑ **127** 次の関数を，導関数の定義に従って微分せよ。また，$f'(1)$ を求めよ。

(1) $f(x)=2x^3$ (2) $f(x)=\dfrac{1}{x^2}$ *(3) $f(x)=\sqrt{3x}$

■次の関数を微分せよ。[**128～133**]

☑ **128** (1) $y=x^2+3x+2$ *(2) $y=2x^5-3x^4+7x$ (3) $y=x^4-4x^2+3$

☑ **129** (1) $y=(2x+1)(x+3)$ *(2) $y=(x^2+x)(x^4-2)$ (3) $y=x^2(x+1)$

☑ **130** (1) $y=-\dfrac{1}{x^4}$ *(2) $y=\dfrac{x+1}{x-1}$ (3) $y=\dfrac{x}{x^2-x+1}$

☑ **131** (1) $y=(2x-1)^4$ *(2) $y=(2x^2+1)^5$ (3) $y=(x^2-2x+3)^2$

☑ **132** (1) $y=x^{\frac{1}{4}}$ *(2) $y=\sqrt[8]{x^3}$ (3) $y=\sqrt{x^2-2}$

☑ **Aの まとめ** **133** (1) $y=(x^2+3x)(x+4)$ (2) $y=(3x^4-4x-1)^3$

(3) $y=\dfrac{1}{(2x^3+5x)^4}$ (4) $y=\dfrac{1}{\sqrt{x^2+x+1}}$

連続性，微分可能性

例題 16　次の関数の $x=0$ における連続性と微分可能性を調べよ。

$$x \neq 0 \text{ のとき } f(x)=x\sin\frac{1}{x}, \quad f(0)=0$$

指針　**連続性，微分可能性**　定義に従って考える。

連続性 …… $\lim_{x \to 0} f(x)=f(0)$ となるかどうか。

微分可能性 …… $\lim_{h \to 0} \dfrac{f(0+h)-f(0)}{h}$ が一定の値に収束するかどうか。

解答

$0 \leqq \left|\sin\dfrac{1}{x}\right| \leqq 1$ から　$0 \leqq \left|x\sin\dfrac{1}{x}\right| \leqq |x|$　　　$\lim_{x \to 0}|x|=0$ から　$\lim_{x \to 0}x\sin\dfrac{1}{x}=0$

よって，$\lim_{x \to 0} f(x)=0=f(0)$ となるから，$f(x)$ は $x=0$ で **連続** である。**答**

また　$\lim_{h \to 0} \dfrac{f(0+h)-f(0)}{h}=\lim_{h \to 0}\dfrac{f(h)}{h}=\lim_{h \to 0}\sin\dfrac{1}{h}$

$h \longrightarrow 0$ のとき $\sin\dfrac{1}{h}$ は振動し，一定の値には収束しない。

よって，$f(x)$ は $x=0$ で **微分可能でない**。**答**

☑***134**　次の関数を微分せよ。

(1)　$y=x\sqrt{x^2+1}$　　　(2)　$y=\dfrac{x}{(1+x^3)^2}$　　　(3)　$y=\sqrt{\dfrac{x-1}{x+1}}$

☑ **135**　関数 $y=(x-1)(x-2)(x-3)$ を微分せよ。

☑ **136**　次の式で定められる x の関数 y について，$\dfrac{dy}{dx}$ を指定した文字を用いて表せ。

(1)　$x=y^2+y$ （y を用いる）　　　*(2)　$x=y^3+1$ （x を用いる）

☑ **137**　$f(x)=x^3+x$ の逆関数 $f^{-1}(x)$ の $x=2$ における微分係数を求めよ。

☑***138**　a は定数とする。関数 $f(x)$ が $x=a$ で微分可能であるとき，次の極限値を $f'(a)$ を用いて表せ。

(1)　$\lim_{h \to 0} \dfrac{f(a+3h)-f(a-2h)}{h}$　　　(2)　$\lim_{x \to a} \dfrac{x^2 f(x)-a^2 f(a)}{x-a}$

☑***139**　次の関数の $x=0$ における連続性と微分可能性を調べよ。

$$x \neq 0 \text{ のとき } f(x)=x^2\sin\frac{1}{x}, \quad f(0)=0$$

☑ **140**　すべての実数 x に対して，$1+2x-3x^2 \leqq f(x) \leqq 1+2x+3x^2$ が成り立つような関数 $f(x)$ がある。このとき，$f'(0)$ を求めよ。

13 いろいろな関数の導関数

1 三角関数の導関数

① $(\sin x)' = \cos x$ ② $(\cos x)' = -\sin x$ ③ $(\tan x)' = \dfrac{1}{\cos^2 x}$

2 対数・指数関数の導関数 $a > 0$, $a \neq 1$ とする。

① **自然対数の底 e の定義** $e = \lim_{k \to 0}(1+k)^{\frac{1}{k}} = 2.71828\cdots\cdots$

② **対数関数の導関数**

$$(\log|x|)' = \frac{1}{x}, \quad (\log_a|x|)' = \frac{1}{x \log a}, \quad \{\log|f(x)|\}' = \frac{f'(x)}{f(x)}$$

③ **指数関数の導関数** $(e^x)' = e^x$, $(a^x)' = a^x \log a$

A

■ 次の関数を微分せよ。[**141～144**]

141 (1) $y = 2x - \cos x$　　*(2) $y = \sin x - \tan x$　　(3) $y = \cos(2x+1)$

(4) $y = \tan 2x$　　(5) $y = \cos(\sin x)$　　*(6) $y = \sin x^2$

(7) $y = \sin^3 x$　　*(8) $y = \sqrt{\sin x}$　　*(9) $y = \sin 3x \cos 5x$

(10) $y = (x^2+1)\sin x$　　(11) $y = \dfrac{1}{3+\sin x}$　　*(12) $y = \dfrac{x^2}{\cos x}$

*(13) $y = \sin^2 x + \cos 2x$　　(14) $y = \sin^2 x + \cos^2 x$　　(15) $y = \dfrac{1}{\cos x} + \tan^2 x$

142 (1) $y = \log 4x$　　*(2) $y = \log(x^2-2)$　　(3) $y = \log\sqrt{x^2-1}$

*(4) $y = \log_3 5x$　　(5) $y = \log_{10}(3x+1)$　　*(6) $y = x^3 \log x$

(7) $y = (\log x)^4$　　*(8) $y = \log|x^2-4|$　　(9) $y = \log\left|\dfrac{3x+1}{2x-1}\right|$

143 (1) $y = e^{5x}$　　*(2) $y = e^{2x} + e^{x^2}$　　(3) $y = xe^{-3x}$

*(4) $y = x^2 e^x$　　(5) $y = 3^{4x}$　　*(6) $y = 5^{-x}$

144 *(1) $y = e^x \sin x$　　(2) $y = e^x \tan x$　　*(3) $y = \sin(\log x)$

(4) $y = \log(\sin x)$　　(5) $y = \log(\log x)$　　*(6) $y = e^{\sin x}$

Aのまとめ **145** a は 1 でない正の定数とする。次の関数を微分せよ。

(1) $y = \sin x \cos x$　　(2) $y = \log_a(x^2-1)$　　(3) $y = \dfrac{e^x}{x}$

対数微分法

例題 17 関数 $y=x^{\sin x}$ $(x>0)$ を微分せよ。

指針 **対数微分法** $y>0$ であるから，両辺の自然対数をとって微分する。一般には，両辺の絶対値の自然対数をとって微分する。

解答 $x>0$ であるから　　$y=x^{\sin x}>0$

$y=x^{\sin x}$ の両辺の自然対数をとって　　$\log y=\sin x \log x$

両辺を x で微分して

$$\frac{y'}{y}=(\sin x)'\log x+\sin x\cdot(\log x)'=\cos x\log x+\frac{\sin x}{x}$$

よって　　$y'=x^{\sin x}\left(\cos x\log x+\dfrac{\sin x}{x}\right)$　**答**

注意 関数 $y=f(x)$ について，両辺の絶対値の自然対数をとり，両辺を x で微分して導関数を求める方法を **対数微分法** という。

146 次の関数を微分せよ。ただし，a，b は定数とする。

(1) $y=\sqrt{1+\sin^2 x}$

*(2) $y=\sin\sqrt{x^2+x+1}$

*(3) $y=e^{-ax}\sin bx$

(4) $y=a^{x^2+1}$ $(a>0,\ a\neq 1)$

(5) $y=\dfrac{e^x-e^{-x}}{e^x+e^{-x}}$

*(6) $y=\log_x a$ $(a>0)$

*(7) $y=\dfrac{1}{2a}\log\left|\dfrac{x-a}{x+a}\right|$

(8) $y=\log\{e^x(1-x)\}$

147 対数微分法により，次の関数を微分せよ。

*(1) $y=\dfrac{(x+1)^2}{(x+2)^3(x+3)^4}$

(2) $y=\dfrac{(x^2-1)^4}{(x-2)^6(2x+5)^2}$

*(3) $y=\sqrt[3]{(2x+1)(x^3+1)}$

(4) $y=\sqrt[5]{\dfrac{(3x-2)^2}{(x-1)^2(x^2+3)}}$

*(5) $y=x^{3x}$ $(x>0)$

(6) $y=(\sin x)^{\log x}$ $(0<x<\pi)$

148 $\displaystyle\lim_{k\to 0}(1+k)^{\frac{1}{k}}=e$ を用いて，次の極限を求めよ。

*(1) $\displaystyle\lim_{x\to 0}(1+2x)^{\frac{1}{x}}$

(2) $\displaystyle\lim_{x\to 0}\frac{\log(1-x)}{x}$

*(3) $\displaystyle\lim_{x\to\infty}\left(1-\frac{2}{x}\right)^x$

(4) $\displaystyle\lim_{x\to\infty}\left(\frac{x}{x+1}\right)^x$

第3章 微分法

14　第 n 次導関数，関数のいろいろな表し方と導関数

1　第 n 次導関数
関数 $y=f(x)$ を n 回微分して得られる関数。

2　x, y の方程式で定められる関数の導関数
両辺を x について微分し，$\dfrac{dy}{dx}$ を求める。$\dfrac{d}{dx}f(y)=\dfrac{d}{dy}f(y)\cdot\dfrac{dy}{dx}$ を利用。

3　媒介変数で表された関数の導関数
$x=f(t)$, $y=g(t)$ のとき　$\dfrac{dy}{dx}=\dfrac{\dfrac{dy}{dt}}{\dfrac{dx}{dt}}=\dfrac{g'(t)}{f'(t)}$

■■ A ■■

☑ **149** 次の関数の第2次導関数，第3次導関数を求めよ。

(1) $y=x^4-5x^3+1$ 　　　　　　*(2) $y=3x^2+5x$

(3) $y=\dfrac{1}{x+2}$ 　　　　　　*(4) $y=\sin x+\cos x$

*(5) $y=\log(2x+1)$ 　　　　　　*(6) $y=e^x+e^{-x}$

☑ **150** 次の関数の第 n 次導関数を求めよ。

(1) $y=e^x$ 　　*(2) $y=e^{3x}$ 　　(3) $y=x^{n-1}$ 　　*(4) $y=x^{n+1}$

☑ **151** 関数 $y=x\sqrt{1+x^2}$ は，等式 $(1+x^2)y''+xy'=4y$ を満たすことを示せ。

☑ **152** 次の方程式で定められる x の関数 y について，$\dfrac{dy}{dx}$ を求めよ。ただし，y を用いて表してもよい。

(1) $2x+3y=5$ 　　　　　　*(2) $y^2=8x$

(3) $x^2+y^2=9$ 　　　　　　*(4) $\dfrac{x^2}{9}-y^2=1$

☑ **153** x の関数 y が，t を媒介変数として，次の式で表されるとき，$\dfrac{dy}{dx}$ を t の関数として表せ。

(1) $x=2t+1$, $y=t^2$ 　　　　　　*(2) $x=t-\sin t$, $y=1-\cos t$

☑ **■Aの■　154** (1) 次の関数の第4次導関数を求めよ。
　まとめ

　　　　(ア) $y=2x^4$ 　　　　(イ) $y=3^x$ 　　　(ウ) $y=\sin x$

　　(2) 次の関数について，$\dfrac{dy}{dx}$ を求めよ。[t は媒介変数]

　　　　(ア) $x=3\sin t$, $y=-\cos t$ 　　　　(イ) $2x^2+3y^2=1$

媒介変数表示の第 2 次導関数

例題 18　x の関数 y が，t を媒介変数として，$x=2\cos t$，$y=3\sin t$ で表されるとき，$\dfrac{d^2y}{dx^2}$ を t の関数として表せ。

指針　第 2 次導関数　$\dfrac{d^2y}{dx^2}=\dfrac{d}{dx}\left(\dfrac{dy}{dx}\right)=\dfrac{d}{dt}\left(\dfrac{dy}{dx}\right)\cdot\dfrac{dt}{dx}=\dfrac{d}{dt}\left(\dfrac{dy}{dx}\right)\cdot\dfrac{1}{\dfrac{dx}{dt}}$

解答　$\dfrac{dx}{dt}=-2\sin t$，$\dfrac{dy}{dt}=3\cos t$　　　　よって，$\sin t\neq0$ のとき　　　$\dfrac{dy}{dx}=-\dfrac{3\cos t}{2\sin t}$

ゆえに　　$\dfrac{d^2y}{dx^2}=\dfrac{d}{dx}\left(\dfrac{dy}{dx}\right)=\dfrac{d}{dx}\left(-\dfrac{3\cos t}{2\sin t}\right)=\dfrac{d}{dt}\left(-\dfrac{3\cos t}{2\sin t}\right)\cdot\dfrac{dt}{dx}$

$=-\dfrac{3}{2}\cdot\dfrac{d}{dt}\left(\dfrac{1}{\tan t}\right)\cdot\dfrac{1}{\dfrac{dx}{dt}}=\dfrac{3}{2\sin^2t}\cdot\left(-\dfrac{1}{2\sin t}\right)=-\dfrac{3}{4\sin^3t}$　**答**

155 次の関数の第 3 次導関数を求めよ。

(1)　$y=\sqrt{2x+1}$　　　　　　　　　(2)　$y=\tan x$

(3)　$y=e^x\cos x$　　　　　　　　　(4)　$y=x^3\log x$

156 x の関数 y が，t を媒介変数として，次の式で表されるとき，$\dfrac{dy}{dx}$ を t の関数として表せ。ただし，a，b は正の定数とする。

*(1)　$x=\dfrac{1+t^2}{1-t^2}$，$y=\dfrac{2t}{1-t^2}$　　　　(2)　$x=a\cos^3t$，$y=b\sin^3t$

157 次の方程式で定められる x の関数 y について，$\dfrac{dy}{dx}$ を求めよ。ただし，y を用いて表してもよい。

*(1)　$xy+y^3=x^2$　　　　　　　　　(2)　$(y-2)^2=x+5$

(3)　$x^{\frac{1}{3}}+y^{\frac{1}{3}}=1$　　　　　　　　*(4)　$x=\cos y$

158 次のことが成り立つことを示せ。ただし，a，b，r は定数とする。

(1)　$y=e^{-2x}(a\cos 2x+b\sin 2x)$ のとき　$y''+4y'+8y=0$

*(2)　$x^2+y^2=r^2$ のとき　$1+(y')^2+yy''=0$

発展

159 x の関数 y が，t を媒介変数として，$x=\dfrac{t}{1+t}$，$y=\dfrac{t^2}{1+t}$ で表されるとき，$\dfrac{d^2y}{dx^2}$ を t の関数として表せ。

15 第3章 演習問題

多項式の決定

例題 19

$f(x)$ は 0 でない x の多項式で，次の等式を満たすものとする。
$$(x-1)f''(x)+(2x-3)f'(x)-8f(x)=0, \quad f(2)=8$$
(1) $f(x)$ の次数を求めよ。　　　　　(2) $f(x)$ を求めよ。

指針 **多項式の決定** 最高次の項を ax^n $(a \neq 0)$ として，まず n を求める。

解答 (1) $f(x)$ を定数関数とすると，第2式から $f(x)=8$
これは第1式を満たさないから不適。
$f(x)$ の次数を n $(n \geq 1)$ として，$f(x)$ の最高次の項を ax^n $(a \neq 0)$ とおく。
第1式の x^n の項は $2x \cdot anx^{n-1}-8ax^n=(2n-8)ax^n$
第1式は x についての恒等式であるから，x^n の係数において
$$(2n-8)a=0 \qquad a \neq 0 \text{ より} \qquad 2n-8=0$$
よって $n=4$ したがって，$f(x)$ の次数は **4** **答**

(2) (1)から，$f(x)=ax^4+bx^3+cx^2+dx+e$ $(a \neq 0)$ とおける。
$$f'(x)=4ax^3+3bx^2+2cx+d, \quad f''(x)=12ax^2+6bx+2c$$
これらを第1式に代入して整理すると
$$2bx^3+(12a+3b+4c)x^2+(6b+4c+6d)x+(2c+3d+8e)=0$$
これが x についての恒等式であるから
$$b=0, \quad 12a+3b+4c=0, \quad 6b+4c+6d=0, \quad 2c+3d+8e=0$$
更に，$f(2)=8$ から $16a+8b+4c+2d+e=8$
これらを解くと $a=1, b=0, c=-3, d=2, e=0$ $(a \neq 0$ を満たす)
したがって $\boldsymbol{f(x)=x^4-3x^2+2x}$ **答**

160 微分係数を利用して，次の極限を求めよ。ただし，a は定数とする。

(1) $\displaystyle \lim_{x \to a} \frac{\cos^2 x - \cos^2 a}{x-a}$
(2) $\displaystyle \lim_{x \to a} \frac{a^2 \cos x - x^2 \cos a}{x-a}$

161 次の等式を数学的帰納法を用いて証明せよ。ただし，n は正の整数とする。

(1) $\displaystyle \frac{d^n}{dx^n} \cos x = \cos\left(x + \frac{n\pi}{2}\right)$
(2) $\displaystyle \frac{d^n}{dx^n} \log x = (-1)^{n-1} \frac{(n-1)!}{x^n}$

162 $f(x)$ は 0 でない x の多項式で，次の等式を満たすものとする。
$$xf''(x)+(1-x)f'(x)+3f(x)=0, \quad f(0)=1$$
(1) $f(x)$ の次数を求めよ。　　　　　(2) $f(x)$ を求めよ。

■ 微分可能な関数

例題 20

関数 $f(x)$ を，$x \leqq 2$ のとき $f(x)=x+1$，$x>2$ のとき $f(x)=ax^2+bx$ で定める。$f(x)$ が $x=2$ で微分可能であるとき，定数 a，b の値を求めよ。

■指針■ **微分可能性** $x=2$ で微分可能 $\iff \displaystyle\lim_{h \to -0} \frac{f(2+h)-f(2)}{h} = \lim_{h \to +0} \frac{f(2+h)-f(2)}{h}$

解答 関数 $f(x)$ が $x=2$ で微分可能であるから，$f(x)$ は $x=2$ で連続である。

よって $\displaystyle\lim_{x \to 2-0}(x+1) = \lim_{x \to 2+0}(ax^2+bx) = f(2)$

ゆえに $4a+2b=3$ …… ①

また $\displaystyle\lim_{h \to -0}\frac{f(2+h)-f(2)}{h} = \lim_{h \to -0}\frac{2+h+1-3}{h} = 1$

① から $\displaystyle\lim_{h \to +0}\frac{f(2+h)-f(2)}{h}$

$\displaystyle= \lim_{h \to +0}\frac{a(2+h)^2+b(2+h)-3}{h}$

$\displaystyle= \lim_{h \to +0}\left\{ah+(4a+b)+\frac{4a+2b-3}{h}\right\}=4a+b$

よって $4a+b=1$ …… ②

①，② から $a=-\dfrac{1}{4}$，$b=2$ **答**

■参考■ $f(x)$ は，$x>2$ と $x<2$ で微分可能であるから，すべての実数 x で微分可能となる。

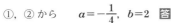
■ B ■

☐ **163** 関数 $f(x)$ を，$x \leqq 1$ のとき $f(x)=ax^2+bx$，$x>1$ のとき $f(x)=2x-5$ で定める。$f(x)$ が常に微分可能であるとき，定数 a，b の値を求めよ。

☐ **164** (1) 多項式 $f(x)$ を $(x-k)^2$ で割った余りを $f(k)$，$f'(k)$ で表せ。

(2) この $f(x)$ が $(x-k)^2$ で割り切れるための条件を求めよ。

(3) $f(x)=x^3+x^2+ax+b$ が $(x-1)^2$ で割り切れるように，定数 a，b の値を定めよ。

☐ **165** すべての実数 x の値において微分可能な関数 $f(x)$ は次の2条件を満たすものとする。

(A) すべての実数 x，y に対して $f(x+y)=f(x)+f(y)+8xy$

(B) $f'(0)=3$

(1) $f(0)$ を求めよ。

(2) 極限 $\displaystyle\lim_{y \to 0}\frac{f(y)}{y}$ を求めよ。

(3) $f'(1)$ を求めよ。

16 接線と法線

---

1 接線，法線の方程式

曲線 $y=f(x)$ 上の点 $(a, f(a))$ における接線，法線（接点で接線に垂直）

① **接線の方程式** $y-f(a)=f'(a)(x-a)$

② **法線の方程式** $f'(a)\neq0$ のとき $y-f(a)=-\dfrac{1}{f'(a)}(x-a)$

$f'(a)=0$ のとき $x=a$

A

☐ **166** 次の曲線上の点Aにおける接線と法線の方程式を求めよ。

(1) $y=x^2-3x+2$, A$(1, 0)$ 　　　*(2) $y=x^4-3x^2+4$, A$(1, 2)$

(3) $y=\dfrac{2x}{1+x}$, A$(0, 0)$ 　　　*(4) $y=\sqrt{4-x^2}$, A$(-\sqrt{3}, 1)$

(5) $y=\cos x$, A$\left(\dfrac{\pi}{4}, \dfrac{\sqrt{2}}{2}\right)$ 　　　*(6) $y=2\log x$, A$(e, 2)$

☐ **167** 次の曲線上の点Aにおける接線と法線の方程式を求めよ。

*(1) $3x^2+y^2=12$, A$(1, -3)$ 　　　(2) $xy=3$, A$(1, 3)$

☐ **Aの** **168** 次の曲線上の点Aにおける接線と法線の方程式を求めよ。
まとめ

(1) $y=\sqrt{x+3}$, A$(0, \sqrt{3})$ 　　　(2) $2x^2-y^2=1$, A$(1, 1)$

B

☐ **169** 媒介変数 t で表された次の曲線について，与えられた t の値に対応する点における接線の方程式を求めよ。

*(1) $\begin{cases} x=2-t \\ y=3+t+t^2 \end{cases}$ $(t=2)$ 　　　(2) $\begin{cases} x=\cos 2t \\ y=\sin t+1 \end{cases}$ $\left(t=-\dfrac{\pi}{6}\right)$

☐ **170** 次の曲線について，与えられた点を通る接線の方程式を求めよ。

(1) $y=x^2+3$, $(1, 0)$ 　　　*(2) $y=\log x$, $(0, -1)$

*(3) $y=\dfrac{3x}{x+1}$, $(8, 4)$ 　　　(4) $y=\dfrac{e^x}{x}$, $(0, 0)$

2 曲線の共通接線

例題 21 2曲線 $y=e^x$, $y=-e^{-x}$ に共通な接線の方程式を求めよ。

指針 共通接線 それぞれの曲線上の点における接線が一致する。

解答 $y=e^x$ から $y'=e^x$
よって，曲線 $y=e^x$ 上の点 (p, e^p) における接線の方程式は
$$y-e^p=e^p(x-p) \quad \text{すなわち} \quad y=e^p x+(1-p)e^p \quad \cdots\cdots ①$$
また，$y=-e^{-x}$ から $y'=e^{-x}$
よって，曲線 $y=-e^{-x}$ 上の点 $(q, -e^{-q})$ における接線の方程式は
$$y+e^{-q}=e^{-q}(x-q) \quad \text{すなわち} \quad y=e^{-q}x-(1+q)e^{-q} \quad \cdots\cdots ②$$
①，②が一致するとき
$$e^p=e^{-q} \quad \cdots\cdots ③, \quad (1-p)e^p=-(1+q)e^{-q} \quad \cdots\cdots ④$$
③から $q=-p$ これを④に代入して $(1-p)e^p=-(1-p)e^p$
よって $p=1$ したがって，①から求める方程式は $\boldsymbol{y=ex}$ **答**

□*171 曲線 $y=\sqrt{x}$ について，次のような接線の方程式を求めよ。
(1) 傾きが2である　　　　(2) 点 $(-8, -1)$ を通る

□*172 2曲線 $y=x^2$, $y=\dfrac{1}{x}$ に共通な接線の方程式と接点の座標を求めよ。

□ 173 2曲線 $y=ax^3$ と $y=3\log x$ が共有点Pをもち，点Pにおいて共通の接線をもつとき，定数 a の値を求めよ。また，その共有点における接線の方程式を求めよ。

□ 174 2曲線 $y=ax^2+b$ と $y=\dfrac{1}{x^2}$ が点 $\left(\sqrt{2}, \dfrac{1}{2}\right)$ で交わり，この点における接線が直交するとき，定数 a, b の値を求めよ。

□*175 $0\leqq x<2\pi$ のとき，2曲線 $y=2\sin x$, $y=a-\cos 2x$ が接するように，定数 a の値を定めよ。

□*176 点 $P(a, 0)$ から曲線 $y=xe^x$ に接線が引けるための a の条件を求めよ。

ヒント 175 2曲線が接する ⟶ 共有点をもち，その点において共通の接線をもつ。
176 接点の座標を (t, te^t) とおき，t についての方程式を導く。この方程式が実数解をもつことが条件。

17 平均値の定理

1 平均値の定理

関数 $f(x)$ が閉区間 $[a, b]$ で連続で，開区間 (a, b) で微分可能ならば，

$$\frac{f(b)-f(a)}{b-a}=f'(c), \quad a<c<b$$

を満たす実数 c が存在する。

注意 平均値の定理は，次のロルの定理を一般化したもので，曲線 $y=f(x)$ 上に任意の2点 $A(a, f(a))$，$B(b, f(b))$ をとると，線分 AB と平行な接線が引けるような点Cが，2点 A，B 間の曲線上にあることを意味している。なお，この点Cは1つとは限らない。

参考 **ロルの定理**（平均値の定理の特別な場合） 関数 $f(x)$ が閉区間 $[a, b]$ で連続，開区間 (a, b) で微分可能で，$f(a)=f(b)$ ならば

$$f'(c)=0, \quad a<c<b$$

を満たす実数 c が存在する。

A

☐ **177** 次の曲線上の2点 A，B 間において，直線 AB に平行な接線の接点の座標を求めよ。

(1) $y=\sin x$，$A(0, 0)$，$B(\pi, 0)$　　(2) $y=\dfrac{1}{x}$，$A(1, 1)$，$B\left(3, \dfrac{1}{3}\right)$

☐ **178** 次の関数 $f(x)$ と，与えられた区間 $[a, b]$ について，$\dfrac{f(b)-f(a)}{b-a}=f'(c)$，$a<c<b$ を満たす c の値を求めよ。

(1) $f(x)=x^2-1$，$[-1, 2]$　　　　*(2) $f(x)=\sin x$，$[0, \pi]$

(3) $f(x)=\sqrt{x}$，$[1, 9]$　　　　　*(4) $f(x)=\log x$，$[1, 2]$

☐ **179** 次の関数について，与えられた開区間において $f'(x)=0$ を満たす x が存在することを示せ。

(1) $f(x)=x^3-3x^2$，$(0, 3)$　　　(2) $f(x)=\cos x$，$(0, 2\pi)$

*(3) $f(x)=x+\dfrac{1}{x}$，$\left(\dfrac{1}{2}, 2\right)$　　*(4) $f(x)=\sqrt{1-x^2}$，$\left(-\dfrac{1}{2}, \dfrac{1}{2}\right)$

☐ **Aの まとめ** **180** 次の関数 $f(x)$ と，与えられた区間 $[a, b]$ について，

$$\frac{f(b)-f(a)}{b-a}=f'(c), \quad a<c<b$$ を満たす c の値を求めよ。

(1) $f(x)=\dfrac{1}{x}$，$[1, 2]$　　　　(2) $f(x)=e^x$，$[0, 2]$

極限（平均値の定理の利用）

例題 22　平均値の定理を用いて，極限 $\lim_{x \to 0} \log \dfrac{e^x - 1}{x}$ を求めよ。

指針　差 $f(b) - f(a)$ が含まれる式の極限の計算には，平均値の定理の利用が有効。

解答　関数 $f(t) = e^t$ はすべての実数 t で微分可能で　　$f'(t) = e^t$
$-1 < x < 1$，$x \neq 0$ として，区間 $[0, x]$ または $[x, 0]$ において，平均値の定理を用いると

$$\frac{e^x - 1}{x - 0} = e^c, \quad 0 < c < x \text{ または } x < c < 0$$

を満たす実数 c が存在する。$x \longrightarrow 0$ のとき $c \longrightarrow 0$ であり　　$e^c \longrightarrow 1$

よって　　$\displaystyle\lim_{x \to 0} \log \frac{e^x - 1}{x} = \lim_{c \to 0} \log e^c = \log 1 = \boldsymbol{0}$　答

181　平均値の定理を用いて，次の極限を求めよ。

(1)　$\displaystyle\lim_{x \to 0} \frac{\cos x - 1}{x}$

*(2)　$\displaystyle\lim_{x \to 0} \frac{\sin x - \sin x^2}{x - x^2}$

(3)　$\displaystyle\lim_{x \to +0} \frac{e^x - e^{\sin x}}{x - \sin x}$

*(4)　$\displaystyle\lim_{x \to \infty} x\{\log(x + 3) - \log x\}$

182　平均値の定理を用いて，次のことを証明せよ。

*(1)　$0 < \alpha < \beta < \dfrac{\pi}{2}$ のとき　$\sin \beta - \sin \alpha < \beta - \alpha$

*(2)　$0 \leqq q < p$，$n \geqq 2$ のとき　$p^n - q^n < np^{n-1}(p - q)$

(3)　$\dfrac{1}{e^2} < a < b < 1$ のとき　$a - b < b \log b - a \log a < b - a$

183　k，α は定数，関数 $f(x)$ は微分可能であるとする。$\displaystyle\lim_{x \to \infty} f'(x) = \alpha$ のとき，$\displaystyle\lim_{x \to \infty}\{f(x + k) - f(x)\}$ を求めよ。

発展

184　関数 $f(x)$ は閉区間 $[a, b]$ で連続で，開区間 (a, b) で微分可能であるとする。平均値の定理の式 $\dfrac{f(b) - f(a)}{b - a} = f'(c)$，$a < c < b$ において $b - a = h$，$\dfrac{c - a}{b - a} = \theta$ とおくと

$$f(a + h) = f(a) + hf'(a + \theta h), \quad 0 < \theta < 1$$

と表されることを示せ。

18 関数の値の変化

> **1** **関数の増加と減少** $f(x)$ は閉区間 $[a, b]$ で連続，開区間 (a, b) で微分可能とする。
> ① 開区間 (a, b) で常に $f'(x)>0$ ならば，$f(x)$ は閉区間 $[a, b]$ で単調に増加。
> ② 開区間 (a, b) で常に $f'(x)<0$ ならば，$f(x)$ は閉区間 $[a, b]$ で単調に減少。
> ③ 開区間 (a, b) で常に $f'(x)=0$ ならば，$f(x)$ は閉区間 $[a, b]$ で定数。
> **注意** 有限個の x の値で $f'(x)=0$，他では $f'(x)>0 (<0)$ ならば，$f(x)$ は単調に増加 (減少) する。
>
> **2** **関数の極値** $f(x)$ は連続な関数とする。
> ① **極値** $x=a$ を含む十分小さい開区間において
> 「$x \neq a$ ならば $f(x)<f(a)$」が成り立つとき $f(a)$ は極大値
> 「$x \neq a$ ならば $f(x)>f(a)$」が成り立つとき $f(a)$ は極小値
> ② **極値をとるための必要条件** $f(x)$ が $x=a$ で微分可能であるとする。
> $f(x)$ が $x=a$ で極値をとるならば $f'(a)=0$
> **注意** $f'(a)=0$ であっても $f(a)$ は極値とは限らない。
> **例** $f(x)=x^3$ $f'(0)=0$ であるが，$f(0)$ は極値ではない。
> ③ **極大，極小の判定** $x=a$ を内部に含むある区間において
> $x<a$ で $f'(x)>0$，$a<x$ で $f'(x)<0$ ならば $f(a)$ は極大値
> $x<a$ で $f'(x)<0$，$a<x$ で $f'(x)>0$ ならば $f(a)$ は極小値
> **注意** $x=a$ で微分可能である必要はない。 **例** $f(x)=|x|$ $x=0$ で極小

■■A■■

☐ **185** 次の関数の増減を調べよ。

(1) $y=x^3-3x^2+3x$ (2) $y=x^4-4x^3+4x^2$ *(3) $y=x\sqrt{4-x^2}$

*(4) $y=\dfrac{2x}{x^2+1}$ *(5) $y=3^x-\left(\dfrac{1}{3}\right)^x$ (6) $y=\log x$

(7) $y=2\sin x-3x$ *(8) $y=(1+\cos x)\sin x \ (0 \leq x \leq 2\pi)$

■ 次の関数の極値を求めよ。[**186**，**187**]

☐ **186** *(1) $y=-x^4+2x^2+2$ (2) $y=x^3 e^{-x}$

*(3) $y=-\dfrac{3x}{x^2+3}$ (4) $y=\dfrac{\log x}{x}$

☐ ***187** (1) $y=|x^2-4|+3x$ (2) $y=|x-2|\sqrt{x+3}$

☐ **Aの まとめ** **188** (1) 次の関数の増減を調べよ。

(ア) $y=x-2\log x$ (イ) $y=x^5 e^{2x}$

(2) 次の関数の極値を求めよ。

(ア) $y=x^2-6|x|+5$ (イ) $y=|x|\sqrt{x+4}$

極値をもつ条件

例題 23 関数 $f(x)=\dfrac{x+a}{x^2-1}$ が極値をもつように，定数 a の値の範囲を定めよ。

指針 極値をもつ条件

$$f(x)\ \text{が極値をもつ} \iff \begin{cases} [1] & f'(x)=0\ \text{が実数解をもつ} \\ [2] & \text{その解の前後で}\ f'(x)\ \text{の符号が変わる} \end{cases}$$

解答 $x^2-1 \neq 0$ であるから，定義域は　$x \neq \pm 1$

$$f'(x)=\frac{1\cdot(x^2-1)-(x+a)\cdot 2x}{(x^2-1)^2}=-\frac{x^2+2ax+1}{(x^2-1)^2}$$

$(x^2-1)^2>0$ であるから，$f(x)$ が極値をもつための必要十分条件は，
$x^2+2ax+1=0$ …… ① が $x=\pm 1$ 以外の異なる 2 つの実数解をもち，その解の前後で $x^2+2ax+1$ の符号が変わることである。
① の判別式を D とすると　　$D=4(a^2-1)>0$
よって　　$a<-1,\ 1<a$ …… ②
また，① は $x=\pm 1$ 以外の解をもつから　　$a \neq \pm 1$ …… ③
②，③ から，求める a の値の範囲は　　**$a<-1,\ 1<a$** 答

$\Box$ **189** 関数 $y=\left(\dfrac{1}{x}\right)^{\frac{1}{x}}$ $(x>e)$ の増減を調べよ。

$\Box$ **190** 次の関数の極値があれば，それを求めよ。

(1) $y=e^{-x^2}$ 　　(2) $y=|x|\sqrt{1-x^2}$ 　　(3) $y=\dfrac{\cos x}{1-\sin x}$ $\left(\dfrac{\pi}{2}<x<2\pi\right)$

*(4) $y=(5x^2-4x-1)e^{4x}$ 　　　　*(5) $y=(x+2)\sqrt[3]{(x+3)^2}$

$\Box$***191** 次の関数が $x=1$ で極大値 5 をとるように，定数 a, b の値を定めよ。

(1) $y=\dfrac{ax^2+2x+b}{x^2+1}$ 　　　　　　(2) $y=(ax+b)e^{x-1}$

$\Box$***192** 関数 $f(x)=\dfrac{x-a}{x^2+x+1}$ が $x=-1$ で極値をとるように，定数 a の値を定めよ。

$\Box$***193** 関数 $y=x+\dfrac{2a}{x}$ の極小値が 2 となるように，定数 a の値を定めよ。

$\Box$ **194** 次の関数が極値をもつように，定数 a の値の範囲を定めよ。

(1) $f(x)=\dfrac{x^2+a}{x-3}$ 　　　　　　*(2) $f(x)=\dfrac{e^{ax}}{x^2+1}$

19　関数の最大と最小

1　**関数の最大と最小**

① **性　質**　関数 $f(x)$ が閉区間 $[a,\ b]$ で連続であるとき，$f(x)$ は，その閉区間で最大値および最小値をもつ。

② **求め方**　最大値，最小値は $f(x)$ の極値と区間の両端の値 $f(a),\ f(b)$ とを比較して判断する。増減表やグラフを利用するとよい。

③ **文章題**　[1]　適当な変数を定めて，その変域を確かめておく。

　　　　　　　[2]　最大値，最小値を求めようとする量を表す関数を作る。

　　　　　　　[3]　[2] で作った関数の最大値，最小値を求める。変域に注意。

■A■

☑ **195**　次の関数の最大値，最小値を求めよ。

*(1)　$y=\dfrac{2(x-1)}{x^2-2x+2}$ 　　　$(-1\leqq x\leqq 3)$

*(2)　$y=x\sqrt{9-x^2}$ 　　　$(-3\leqq x\leqq 3)$

*(3)　$y=\cos^3 x+3\cos x$ 　　$(0\leqq x\leqq 2\pi)$

(4)　$y=\cos^3 x-\sin^3 x$ 　　$(0\leqq x\leqq 2\pi)$

(5)　$y=\log\dfrac{x^2+1}{x}$ 　　　$\left(\dfrac{1}{2}\leqq x\leqq 3\right)$

☑ ■Aの■　**196**　関数 $y=x\sqrt{2x-x^2}$ $(0\leqq x\leqq 2)$ の最大値と最小値を求めよ。
　　まとめ

■B■

☑ **197**　(1)　周の長さが 16 の長方形のうちで，面積が最大のものはどのような長方形か。

(2)　面積が 16 の長方形のうちで，周の長さが最小のものはどのような長方形か。

*(3)　半径 4 の円に内接する長方形のうちで，周の長さが最大のものはどのような長方形か。

*(4)　体積が 16π の直円柱のうちで，表面積が最小のものはどのような直円柱か。

(5)　半径 4 の球に内接する直円柱のうちで，側面積が最大のものはどのような直円柱か。

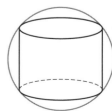

■ **端がない場合の最大・最小**

■ **例題 24** 関数 $y=\dfrac{1-x}{(x+1)^2}$ $(x\geqq 0)$ の最大値，最小値を求めよ。

■指針■ **最大・最小** 定義域は $x\geqq 0$ である。この場合，$x=0$ のときの y の値と極値を比較するだけでなく，$\displaystyle\lim_{x\to\infty}y$ を調べてこれらと比較する必要がある。

■解答

$x>0$ のとき　　$y'=\dfrac{x-3}{(x+1)^3}$

$y'=0$ とすると　　$x=3$

よって，$x\geqq 0$ における増減表は右のようになる。

また　　$\displaystyle\lim_{x\to\infty}y=\lim_{x\to\infty}\dfrac{1-x}{(x+1)^2}=\lim_{x\to\infty}\dfrac{\dfrac{1}{x^2}-\dfrac{1}{x}}{\left(1+\dfrac{1}{x}\right)^2}=0$

x	0	$\cdots$	3	$\cdots$
y'		$-$	0	$+$
y	1	$\searrow$	極小 $-\dfrac{1}{8}$	$\nearrow$

したがって，y は **$x=0$ で最大値 1**，**$x=3$ で最小値 $-\dfrac{1}{8}$** をとる。　答

198 次の関数の最大値，最小値を求めよ。ただし，$\displaystyle\lim_{x\to\infty}\dfrac{x}{e^x}=0$，$\displaystyle\lim_{x\to +0}x\log x=0$ を用いてよい。

*(1)　$y=\dfrac{x-1}{x^2+1}$　　　　*(2)　$y=x+\sqrt{9-x^2}$　　　　*(3)　$y=x\log x$

(4)　$y=e^x+e^{-2x}$　　　*(5)　$y=\sqrt{x^2+1}+\sqrt{(x-3)^2+4}$　　　(6)　$y=|x|e^x$

*199 関数 $f(x)=\dfrac{ax^2+bx+1}{x^2+1}$ が $x=2$ で最小値 -1 をとるとき，定数 a，b の値を求めよ。このとき，$f(x)$ の最大値を求めよ。

200 関数 $y=a(x-\sin 2x)$ $\left(-\dfrac{\pi}{2}\leqq x\leqq\dfrac{\pi}{2}\right)$ の最大値が π であるように，定数 a の値を定めよ。

*201 定点 A$(2,\ 3)$ を通る傾きが負の直線と，x 軸および y 軸とが作る三角形の面積 S の最小値を求めよ。

*202 半径 1 の円に外接する二等辺三角形のうちで，面積が最小のものはどのような三角形か。

203 座標平面上に 3 点 A$(0,\ 3)$，B$(0,\ 1)$，P$(x,\ 0)$ をとり，$\angle\mathrm{APB}=\theta$ とする。点 P が x 軸上の正の部分を動くとき，θ が最大となる点 P の座標，およびそのときの θ の値を求めよ。

20 関数のグラフ

1 曲線の凹凸

関数 $f(x)$ は第2次導関数 $f''(x)$ をもつとする。

曲線 $y=f(x)$ は　$f''(x)>0$ である区間では　下に凸

$f''(x)<0$ である区間では　上に凸

2 変曲点

関数 $f(x)$ は第2次導関数 $f''(x)$ をもつとする。

① $f''(a)=0$ のとき，$x=a$ の前後で $f''(x)$ の符号が
変わるならば，点 $(a, f(a))$ は曲線 $y=f(x)$ の変
曲点である。

② 点 $(a, f(a))$ が曲線 $y=f(x)$ の変曲点ならば
$$f''(a)=0$$

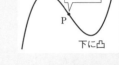

注意 $f''(a)=0$ であっても，点 $(a, f(a))$ は変曲点であるとは限らない。

例 $y=x^4$ における点 $(0, 0)$

3 関数のグラフのかき方

$y=f(x)$ のグラフをかくときには，次のことを調べる。

① **定義域**　（分母）$\neq0$，（根号内）$\geqq0$，真数条件などに注意

② **増減，極値**　　y' の符号の変化を調べる ⎫

③ **凹凸，変曲点**　y'' の符号の変化を調べる ⎭ 増減表をかく

④ **対称性**　$f(-x)=f(x)$ なら，y 軸に関して対称

$f(-x)=-f(x)$ なら，原点に関して対称

⑤ **漸近線**　$x\longrightarrow\infty$，$x\longrightarrow-\infty$ のときを考える。

特に，分数関数では，分母が 0 になる x の値に着目する。

⑥ **座標軸との共有点など，簡単にわかる曲線上の点**

4 漸近線の求め方

関数 $y=f(x)$ のグラフについて

① **y 軸に垂直な漸近線**　$\displaystyle\lim_{x\to\pm\infty}f(x)=a\Longrightarrow$ 直線 $y=a$ が漸近線

② **x 軸に垂直な漸近線**　$\displaystyle\lim_{x\to b\pm0}f(x)=\pm\infty\Longrightarrow$ 直線 $x=b$ が漸近線

③ **x 軸に垂直でない漸近線**

$\displaystyle\lim_{x\to\pm\infty}\{f(x)-(ax+b)\}=0\Longrightarrow$ 直線 $y=ax+b$ が漸近線

注意 $\displaystyle\lim_{x\to\pm\infty}\frac{f(x)}{x}=a$, $\displaystyle\lim_{x\to\pm\infty}\{f(x)-ax\}=b\Longrightarrow$ 直線 $y=ax+b$ が漸近線

5 第2次導関数と極値

$x=a$ を含むある区間で $f''(x)$ は連続であるとする。

① $f'(a)=0$ かつ $f''(a)<0$ ならば　$f(a)$ は極大値

② $f'(a)=0$ かつ $f''(a)>0$ ならば　$f(a)$ は極小値

注意 $f'(a)=0$, $f''(a)=0$ のときは，$f(a)$ が極値である場合も，極値でない場合
もある。

204 次の曲線の凹凸を調べ，変曲点を求めよ。

 *(1) $y=x^3-2x^2$ *(2) $y=xe^{-2x}$ (3) $y=x^2+\cos 2x$ $(0<x<\pi)$

205 次の曲線の漸近線の方程式を求めよ。

 (1) $y=2x-\dfrac{3}{x-2}$ *(2) $y=\dfrac{x^2}{x+1}$ *(3) $y=x+e^x$

206 次の関数のグラフの概形をかけ。

 (1) $y=(1-x^2)^3$ *(2) $y=x+\cos x$ $(0\le x\le 2\pi)$

 (3) $y=xe^x$ *(4) $y=x-2\sqrt{x-1}$

207 第2次導関数を利用して，次の関数の極値を求めよ。

 (1) $y=x^4-2x^2+1$ *(2) $y=e^x\cos x$ $(0<x<2\pi)$

Aの まとめ **208** 次の関数のグラフの概形をかけ。

  (1) $y=\log(x^2+1)$ (2) $y=x\log x$ (3) $y=e^{-\frac{x^2}{3}}$

*209 次の曲線の漸近線の方程式を求めよ。

 (1) $y=\dfrac{3x}{\sqrt{x^2+2}}$ (2) $y=3x+\sqrt{x^2-x-2}$

*210 3次関数 $y=-x^3+6x^2$ のグラフの変曲点を求めよ。また，このグラフが変曲点に関して対称であることを示せ。

211 右の図は，関数 $y=ax^3+bx^2+cx+d$ $(0<x<5)$ のグラフで，$x=2$ で極大，$x=4$ で極小となり，点 $(3, 5)$ は変曲点である。定数 a，b，c，d の値を求めずに，次のものを求めよ。

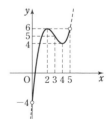

 (1) $y'>0$ となる x の値の範囲

 (2) $y''<0$ となる x の値の範囲

 (3) y' が最小となる x の値

*212 a は定数とする。曲線 $y=(x^2+2x+a)e^x$ の変曲点の個数を調べよ。

■ 関数のグラフ（凹凸，漸近線）

例題 25 関数 $y=\dfrac{x^3}{x^2-4}$ のグラフの概形をかけ。

指針 **関数のグラフ** 関数のグラフの概形をかくには，$p.46$ **3** ①～⑥ を調べる。
また，（分母の次数）＞（分子の次数）となるように式を変形するとよい。

解答 この関数の定義域は，$x^2-4 \neq 0$ から $x \neq \pm 2$
奇関数であるから，グラフは原点に関して対称である。

$y=x+\dfrac{4x}{x^2-4}$ であるから $y'=\dfrac{x^2(x^2-12)}{(x^2-4)^2}$, $y''=\dfrac{8x(x^2+12)}{(x^2-4)^3}$

$y'=0$ とすると $x=0,\ \pm 2\sqrt{3}$
$y''=0$ とすると $x=0$

y の増減，グラフの凹凸は，次の表のようになる。

x	$\cdots$	$-2\sqrt{3}$	$\cdots$	-2	$\cdots$	0	$\cdots$	2	$\cdots$	$2\sqrt{3}$	$\cdots$
y'	$+$	0	$-$		$-$	0	$-$		$-$	0	$+$
y''	$-$	$-$	$-$		$+$	0	$-$		$+$	$+$	$+$
y	$\nearrow$	$-3\sqrt{3}$	$\searrow$		$\searrow$	0	$\searrow$		$\searrow$	$3\sqrt{3}$	$\nearrow$

また $\displaystyle\lim_{x\to-2-0}y=-\infty,\ \lim_{x\to-2+0}y=\infty,$
$\displaystyle\lim_{x\to2-0}y=-\infty,\ \lim_{x\to2+0}y=\infty,$
$\displaystyle\lim_{x\to-\infty}(y-x)=0,\ \lim_{x\to\infty}(y-x)=0$

よって，3直線 $x=-2$, $x=2$, $y=x$ は漸近線である。

ゆえに，グラフの概形は **右の図** のようになる。 **答**

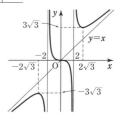

■■■ **B** ■■■■

☐ **213** 次の関数のグラフの概形をかけ。

*(1) $y=\dfrac{x}{x^2+4}$ 　　　 *(2) $y=\dfrac{x^3}{x^2-3}$

(3) $y=(x-2)\sqrt{x+1}$ 　　　 (4) $y=(x+3)\sqrt[3]{(x-2)^2}$

*(5) $y=e^{\frac{1}{x}}$ 　　　 (6) $y=e^x\sin x \quad (0 \leqq x \leqq 2\pi)$

*(7) $y=4\cos x+\cos 2x \quad (0 \leqq x \leqq 2\pi)$

☐ *214 3次関数 $y=x^3+3ax^2+3bx+c$ は $x=1$ で極小値をとり，そのグラフの変曲点の座標は $(0, 3)$ である。定数 a, b, c の値を求めよ。

21 方程式，不等式への応用

1 不等式の証明

① 不等式 $f(x)>0$ の証明は，{$f(x)$ の最小値}>0 を示すとよい。そのために，まず，$f(x)$ を求め，関数 $f(x)$ の増減を調べる。

② $f'(x)$ の符号が判別しづらいときは，次の関係を利用するとよい。

$a<b$，区間 $[a,\ b]$ で $f(x)$ は連続，

$f(a)\geqq0$，$f(b)\geqq0$，区間 $(a,\ b)$ で $f''(x)<0$ [上に凸]

ならば　　区間 $(a,\ b)$ で $f(x)>0$

2 方程式の実数解

① 方程式 $f(x)=0$ の実数解　⟶　曲線 $y=f(x)$ と x 軸の共有点の x 座標。

② 方程式 $f(x)=g(x)$ の実数解　⟶　2曲線 $y=f(x)$，$y=g(x)$ の共有点の x 座標。

3 e^x と x^n に関する極限

$x \longrightarrow \infty$ のとき，e^x は x^n に比べて，より急速に増大し，次のことが成り立つ。

任意の自然数 n に対して　　$\displaystyle\lim_{x\to\infty}\frac{e^x}{x^n}=\infty,\ \lim_{x\to\infty}\frac{x^n}{e^x}=0$

第4章 微分法の応用

☑ **215** $x>0$ のとき，次の不等式を証明せよ。

*(1)　$\dfrac{1}{e^x}>1-x$

(2)　$\log(1+x)<\dfrac{1+x}{2}$

☑ **216** 次の方程式の異なる実数解の個数を求めよ。

(1)　$x^4+6x^2-5=0$　　　*(2)　$x+\cos x=0$　　　(3)　$e^x-2(x+1)=0$

☑ ■Aの■ まとめ **217**　(1)　$x>1$ のとき，不等式 $e^x>ex$ が成り立つことを証明せよ。

(2)　方程式 $x=4\log x$ の異なる実数解の個数を求めよ。

☑ **218** $x>0$ のとき，次の不等式を証明せよ。

(1)　$\sin x>x-\dfrac{x^2}{2}$

*(2)　$1+\dfrac{1}{2}x-\dfrac{1}{8}x^2<\sqrt{1+x}$

☑ **219** 次のことが成り立つことを証明せよ。

(1)　$b\geqq a>0$ のとき　$\log b-\log a\geqq\dfrac{2(b-a)}{b+a}$

(2)　$0<\alpha<\beta\leqq\dfrac{\pi}{2}$ のとき　$\dfrac{\alpha}{\beta}<\dfrac{\sin\alpha}{\sin\beta}$

☑ *220 すべての正の数 x について，不等式 $e^x\geqq ax^3$ が成り立つように，定数 a の値の範囲を定めよ。

■ **実数解の個数**

例題 26　a は定数とする。方程式 $x^3-3ax^2+4=0$ の異なる実数解の個数を求めよ。

■指針■　**方程式の実数解**　文字定数 a が1次のときには方程式を $f(x)=a$ の形にして、$y=f(x)$ のグラフと直線 $y=a$ の共有点を調べる。

解答　与えられた方程式から　　$x^3+4=3ax^2$

この方程式は $x=0$ を解にもたないから、$\dfrac{x^3+4}{3x^2}=a$ と同値である。

よって、求める実数解の個数は、$y=\dfrac{x^3+4}{3x^2}$ のグラフと直線 $y=a$ の共有点の個数に一致する。

$f(x)=\dfrac{x^3+4}{3x^2}$ とおくと、$f(x)=\dfrac{x}{3}+\dfrac{4}{3x^2}$ から

$\qquad f'(x)=\dfrac{1}{3}-\dfrac{8}{3x^3}=\dfrac{(x-2)(x^2+2x+4)}{3x^3}$

$f'(x)=0$ とすると　　$x=2$

$f(x)$ の増減表は右のようになる。

x	$\cdots$	0	$\cdots$	2	$\cdots$
$f'(x)$	$+$		$-$	0	$+$
$f(x)$	$\nearrow$		$\searrow$	1	$\nearrow$

よって、$f(x)$ は $x=2$ で極小値1をとる。

また　　$\displaystyle\lim_{x\to+0}f(x)=\infty,\ \lim_{x\to-0}f(x)=\infty,$

$\qquad\displaystyle\lim_{x\to\infty}f(x)=\infty,\ \lim_{x\to-\infty}f(x)=-\infty$

ゆえに、$y=f(x)$ のグラフは右の図のようになる。

このグラフと直線 $y=a$ の共有点の個数を調べて、求める実数解の個数は

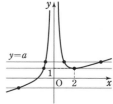

$a<1$ のとき1個、$a=1$ のとき2個、$1<a$ のとき3個　答

■■■■ **B** ■■■■

☐ **221**　a は定数とする。次の方程式の異なる実数解の個数を調べよ。必要ならば

$\displaystyle\lim_{x\to\infty}\dfrac{x}{e^x}=0$ を用いてもよい。

*(1)　$x^3-3ax+2=0$　　*(2)　$2\sqrt{x}-x+a=0$　　(3)　$2x-1=ae^{-x}$

☐ **222**　$x\longrightarrow\infty$ のとき、$y=x$ が $y=\log x$ と比較して、より急速に増大すること、

すなわち $\displaystyle\lim_{x\to\infty}\dfrac{x}{\log x}=\infty$ が成り立つことを証明せよ。ただし、まず次の①

～③ のどれか1つを証明し、それを利用せよ。

①　$x\geqq4$ のとき、$x^2>\log x$ が成り立つ

②　$x\geqq4$ のとき、$x>\log x$ が成り立つ

③　$x\geqq4$ のとき、$\sqrt{x}>\log x$ が成り立つ

22　速度と加速度

1　直線上の点の運動

数直線上を運動する点の時刻 t における座標を $x=f(t)$ とすると

① **速度** $v=\dfrac{dx}{dt}=f'(t)$ 　　　　**加速度** $\alpha=\dfrac{dv}{dt}=\dfrac{d^2x}{dt^2}=f''(t)$

② **速さ（速度の大きさ）** $|v|$ 　　　**加速度の大きさ** $|\alpha|$

2　平面上の点の運動

座標平面上を運動する点の時刻 t における座標 (x, y) が t の関数であるとき

① **速度** $\vec{v}=\left(\dfrac{dx}{dt},\ \dfrac{dy}{dt}\right)$ 　　**加速度** $\vec{\alpha}=\left(\dfrac{d^2x}{dt^2},\ \dfrac{d^2y}{dt^2}\right)$

② **速さ** $|\vec{v}|=\sqrt{\left(\dfrac{dx}{dt}\right)^2+\left(\dfrac{dy}{dt}\right)^2}$ 　**加速度の大きさ** $|\vec{\alpha}|=\sqrt{\left(\dfrac{d^2x}{dt^2}\right)^2+\left(\dfrac{d^2y}{dt^2}\right)^2}$

3　等速円運動

座標平面上を運動する点Pの時刻 t における座標 (x, y) が

$$x=r\cos\omega t,\quad y=r\sin\omega t \qquad ただし,\ r>0,\ \omega は定数$$

で表されるとき，点Pは原点Oを中心とする半径 r の円周上を，一定の速さ $r|\omega|$ で動く。このような運動を **等速円運動** といい，ω をその **角速度** という。

□ ***223** 数直線上を運動する点Pの座標 x が，時刻 t の関数として，$x=t^3-4t$ で表されるとき，$t=4$ における点Pの速度および加速度を求めよ。

□ **224** 原点から出発して数直線上を動く点Pの t 秒後の座標が t^3-5t^2+4t で表される。

(1) Pが原点に戻ったときの速度を求めよ。

(2) Pが運動の向きを初めて変えるのは何秒後か。

□ **225** 座標平面上を運動する点Pの時刻 t における座標 (x, y) が次の式で表されるとき，点Pの速さと加速度の大きさを求めよ。

(1) $x=2t,\ y=t^2+3$ 　　　　　　　*(2) $x=\cos t+1,\ y=\sin t+2$

□ **Aのまとめ** **226** 地上から物体を，初速度 30 m/s で真上に投げたとき，t 秒後の高さ x m は，$x=30t-5t^2$ と表される。この物体が地上に落下する直前の速度と加速度を求めよ。

体積の変化率

例題 **27**

直円柱形の物体の底面の半径が毎秒 1 cm の割合で増加し，高さが毎秒 5 cm の割合で増加している。この物体の底面の半径が 1 m，高さが 2 m になった瞬間における体積の変化の割合を求めよ。

指針 **変化率** 体積を時刻 t の関数で表し，その導関数，微分係数を考える。

解答 時刻 t における直円柱形の底面の半径を r cm，高さを h cm，体積を V cm³ とすると $\qquad V = \pi r^2 h$

また，r, h は t の関数であるから，V も t の関数である。

$V = \pi r^2 h$ の両辺を t で微分すると

$$\frac{dV}{dt} = \pi \left(2r \cdot \frac{dr}{dt} \cdot h + r^2 \cdot \frac{dh}{dt} \right)$$

条件より，$\dfrac{dr}{dt} = 1$，$\dfrac{dh}{dt} = 5$ であるから，$r = 100$，$h = 200$ のとき

$$\frac{dV}{dt} = \pi (2 \cdot 100 \cdot 1 \cdot 200 + 100^2 \cdot 5) = 90000\pi$$

よって，求める変化の割合は　　**90000π cm³/s** 答

☑***227** 上面の半径が 10 cm，深さが 20 cm の直円錐形の容器が，その軸を鉛直にして固定されている。この容器に毎秒 3 cm³ の割合で静かに水を注ぐとき，水の深さが 6 cm になった瞬間の，水面の上昇する速さと，水面の面積の増加する速さを求めよ。

☑ **228** 水面から 30 m の高さの岸壁から，長さ 58 m の綱で船を引き寄せている。毎秒 4 m の割合で綱をたぐるとき，2 秒後の船の速さを求めよ。

☑***229** 半径 a の円Oの周上を点Aから出発して，一定の正の角速度 ω (ラジアン/s) で回転する動点Pがある。Pが円周上を半周する間において，次のものの時刻 t に対する変化率を求めよ。
　(1)　△OAP の面積　　　　　　　　(2)　線分 AP の長さ

☑ **230** 座標平面上を運動する点Pの時刻 t における座標 (x, y) が
$$x = a(\omega t - \sin \omega t), \quad y = a(1 - \cos \omega t)$$
で表されるとき，点Pの速さ $|\vec{v}|$ の最大値と，そのときの t の値を求めよ。ただし，a, ω は正の定数とする。

23 近似式

---

1 **1次の近似式**

① $|h|$ が十分小さいとき $f(a+h) \doteqdot f(a) + f'(a)h$

② $|x|$ が十分小さいとき $f(x) \doteqdot f(0) + f'(0)x$

特に，$|x|$ が十分小さいとき $(1+x)^p \doteqdot 1 + px$ （p は実数）

③ $y = f(x)$ において，x の増分 Δx に対する y の増分を Δy とすると，$|\Delta x|$ が十分小さいとき $\Delta y \doteqdot y' \Delta x$

解説 $\Delta y = f(x + \Delta x) - f(x)$ である。

$|\Delta x|$ が十分小さいとき，① により $f(x + \Delta x) \doteqdot f(x) + f'(x)\Delta x$

よって $f(x + \Delta x) - f(x) \doteqdot f'(x)\Delta x$ すなわち $\Delta y \doteqdot f'(x)\Delta x$

したがって，③ が成り立つ。

☐ **231** $|x|$ が十分小さいとき，次の関数の1次の近似式を作れ。

*(1) $(1+x)^5$ 　(2) $\dfrac{1}{1-x}$ 　*(3) $\log(1+2x)$ 　(4) $\sin\left(\dfrac{\pi}{6} + x\right)$

☐ **232** 次の数の近似値を小数第3位まで求めよ。ただし，$\pi = 3.142$，$\sqrt{3} = 1.732$ とする。

*(1) $\cos 62°$ 　　　　　　　　(2) $\sqrt[3]{1003.5}$

☐ **Aの** **233** $|x|$ が十分小さいとき，関数 $\sin x$ の1次の近似式を作れ。
まとめ また，$\sin 30.5°$ の近似値を小数第3位まで求めよ。ただし，$\pi = 3.142$，$\sqrt{3} = 1.732$ とする。

☐ **234** 球の半径が $1.5\,\%$ 増加するとき，球の表面積と体積は，それぞれ約何%増加するか。

☐ **235** 次の方程式の解の近似値を小数第3位まで求めよ。ただし，$\pi = 3.142$，$\log_{10} 2 = 0.301$，$\log 10 = 2.303$ とする。

*(1) $\sin x = 0.9$ $\left(0 \le x \le \dfrac{\pi}{2}\right)$ 　　(2) $\log_{10} x = 0.3$

☐ **236** 方程式 $(x-1)(x-3) = 0.02$ の2つの解の近似値を小数第2位まで求めよ。

ヒント **236** $f(x) = (x-1)(x-3)$ とし，$f(x) = 0.02$ の解を $1+h$，$3+k$ とおく。
$f(1+h)$，$f(3+k)$ を h，k の1次式で近似する。

24 第4章 演習問題

■■ 極値と判別式

例題 28

a, b は定数とする。関数 $f(x)=ax+\dfrac{b}{x}-\log x$ $(x>0)$ が極大値と極小値を1個ずつもち，極大値と極小値の和が0であるとき，b を a で表せ。また，a のとりうる値の範囲を求めよ。

■指針■ **関数の極値の性質** $f'(x)=0 \iff (2次式)=0$ なら，異なる2つの実数解 α, β をもつ条件。判別式の利用。$\alpha>0$, $\beta>0 \iff \alpha+\beta>0$, $\alpha\beta>0$

解答

$f'(x)=a-\dfrac{b}{x^2}-\dfrac{1}{x}=\dfrac{ax^2-x-b}{x^2}$

$a=0$ のとき，$f(x)$ は極値を2個とらないから $a\neq 0$

$f(x)$ $(x>0)$ が極大値と極小値を1個ずつもつ条件は，$ax^2-x-b=0$ …… ① が異なる2つの正の解 α, β をもつことである。

よって $a\neq 0$，（①の判別式）$=1+4ab>0$, $\alpha+\beta=\dfrac{1}{a}>0$, $\alpha\beta=-\dfrac{b}{a}>0$

ゆえに $a>0$, $b<0$, $1+4ab>0$ …… ②

また $f(\alpha)+f(\beta)=a(\alpha+\beta)+b\left(\dfrac{1}{\alpha}+\dfrac{1}{\beta}\right)-(\log\alpha+\log\beta)$

$=a\cdot\dfrac{1}{a}+b\cdot\left(-\dfrac{a}{b}\right)\cdot\dfrac{1}{a}-\log\left(-\dfrac{b}{a}\right)=-\log\left(-\dfrac{b}{a}\right)$

$\log\left(-\dfrac{b}{a}\right)=0$ から $-\dfrac{b}{a}=1$ よって $\boldsymbol{b=-a}$ 答

また，②から $a>0$, $-a<0$, $1-4a^2>0$ よって $\boldsymbol{0<a<\dfrac{1}{2}}$ 答

■■■ B ■■■

☐ **237** 関数 $f(x)=2x+\dfrac{ax}{x^2+1}$ が極大値と極小値をそれぞれ2つずつもつように，定数 a の値の範囲を定めよ。

☐ **238** 関数 $f(x)=\dfrac{a\sin x}{\cos x+2}$ $(0\leq x\leq\pi)$ の最大値が $\sqrt{3}$ となるように，定数 a の値を定めよ。

☐ **239** 一直線をなす海岸の地点Aから海岸線に垂直に9km離れた沖の船にいる人が，Aから海岸にそって15km離れた地点Bに最短時間で到着するためには，AB間のAからどれだけ離れた地点に上陸すればよいか。ただし，地点B以外で上陸した場合，上陸した後は歩いて地点Bに向かうものとし，船の速さは4km/h，人の歩く速さは5km/hとする。

■ 曲線の概形 （$F(x,\ y)=0$）

例題 29　曲線 $x^2y^2=x^2-y^2$ の概形をかけ。

指針　$x,\ y$ **の方程式で定められる曲線**　$y=f(x)$ の形にする。対称性の利用が有効。

解答　$F(x,\ y)=x^2y^2-(x^2-y^2)$ とおくと

$$F(x,\ -y)=F(x,\ y),\quad F(-x,\ y)=F(x,\ y)$$

よって，曲線 $F(x,\ y)=0$ は x 軸，y 軸に関して対称である。

まず，$x>0$，$y>0$ の範囲で考える。$y^2=\dfrac{x^2}{x^2+1}$ から　　$y=\dfrac{x}{\sqrt{x^2+1}}$

$$y'=\frac{\sqrt{x^2+1}-\dfrac{2x^2}{2\sqrt{x^2+1}}}{x^2+1}=\frac{1}{\sqrt{(x^2+1)^3}}>0$$

$$y''=-\frac{3}{2}(x^2+1)^{-\frac{5}{2}}\cdot2x=\frac{-3x}{\sqrt{(x^2+1)^5}}<0$$

y は単調に増加し，グラフは上に凸である。

$$\lim_{x\to+0}y'=1,\quad \lim_{x\to+\infty}y=\lim_{x\to+\infty}\frac{1}{\sqrt{1+x^{-2}}}=1\ \text{から，}$$

この曲線上の点 $(0,\ 0)$ における接線は $y=x$，漸近線は直線 $y=1$ である。
以上により，対称性を考えて，曲線は **図** のようになる。　答

■■■ 発展 ■■■

☑ **240**　$x>0$ のとき，不等式 $e^x>1+\dfrac{x}{1!}+\dfrac{x^2}{2!}+\cdots\cdots+\dfrac{x^n}{n!}$（$n$ は自然数）を示せ。

☑ **241**　次の曲線の概形をかけ。

(1)　$y^2=x^2(4-x^2)$　　　　　　　(2)　$\sqrt[3]{x^2}+\sqrt[3]{y^2}=1$

☑ **242**　xy 平面上に，媒介変数 t で表された曲線 $C:x=e^t-e^{-t}$，$y=e^{3t}+e^{-3t}$ がある。曲線 C の概形をかけ。

☑ **243**　異なる 2 つの正の実数 p，q について，p^q と q^p の大小関係を考える。

(1)　$f(x)=\dfrac{\log x}{x}$ の増減を考えることにより，e^π と π^e の大小を不等号を用いて表せ。

(2)　次の文章の □ に適するものを答えよ。ただし，(イ)，(ウ)には $<$，$>$，$=$ のいずれかが入る。

$$0<p<q\leqq \text{ア}\boxed{}\quad\text{ならば}\quad p^q\ \text{イ}\boxed{}\ q^p$$

$$\text{ア}\boxed{}\leqq p<q\quad\text{ならば}\quad p^q\ \text{ウ}\boxed{}\ q^p$$

(3)　2^π と π^2 の大小を不等号を用いて表せ。

25 不定積分とその基本性質

1 **不定積分の基本性質**

$\int \{kf(x)+lg(x)\} dx = k\int f(x)dx + l\int g(x)dx$ （k, l は定数）

2 **基本的な関数の不定積分** C は積分定数とする。

① $\int x^{\alpha} dx = \dfrac{1}{\alpha+1}x^{\alpha+1}+C$ ($\alpha \neq -1$), $\quad \int \dfrac{dx}{x} = \log|x| + C$

② $\int \sin x\, dx = -\cos x + C$, $\qquad \int \cos x\, dx = \sin x + C$

$\int \dfrac{dx}{\cos^2 x} = \tan x + C$, $\qquad \int \dfrac{dx}{\sin^2 x} = -\dfrac{1}{\tan x} + C$

③ $\int e^x dx = e^x + C$, $\qquad \int a^x dx = \dfrac{a^x}{\log a} + C$ ($a > 0$, $a \neq 1$)

▦ A ▦

■次の不定積分を求めよ。［**244～247**］

☑ **244** (1) $\displaystyle\int \dfrac{dx}{x^6}$ *(2) $\displaystyle\int t^{\frac{2}{5}} dt$ *(3) $\displaystyle\int \sqrt[4]{x^3}\, dx$ (4) $\displaystyle\int \dfrac{dx}{\sqrt[3]{x}}$

☑ **245** (1) $\displaystyle\int \dfrac{2x^4-3x^3+2x^2+1}{x^3} dx$ *(2) $\displaystyle\int \dfrac{(\sqrt{x}-2)^3}{x} dx$

☑ **246** (1) $\displaystyle\int \left(\sin x - \dfrac{1}{\cos^2 x}\right) dx$ *(2) $\displaystyle\int \dfrac{3+\sin^2 x}{\cos^2 x} dx$

☑ **247** (1) $\displaystyle\int (2e^x - x^2) dx$ *(2) $\displaystyle\int \left(2^x - \dfrac{1}{x}\right) dx$

☑ **Aの まとめ** **248** 次の不定積分を求めよ。

   (1) $\displaystyle\int \dfrac{x^2-1}{\sqrt{x}} dx$ (2) $\displaystyle\int \dfrac{x-\cos^2 x}{x\cos^2 x} dx$

   (3) $\displaystyle\int \dfrac{2+xe^x - x\cos x}{x} dx$ (4) $\displaystyle\int \dfrac{2}{\tan^2 t} dt$

▦ B ▦

☑ **249** 次の不定積分を求めよ。

   *(1) $\displaystyle\int \left(\tan x - \dfrac{2}{\tan x}\right)^2 dx$ (2) $\displaystyle\int \dfrac{\cos^2 x}{1+\sin x} dx$ *(3) $\displaystyle\int \dfrac{3^{3x}-1}{3^x-1} dx$

26 置換積分法

> **1 置換積分に関する公式**　Cは積分定数とする。
>
> ① $F'(x)=f(x)$, $a\neq 0$ とするとき $\displaystyle\int f(ax+b)dx=\frac{1}{a}F(ax+b)+C$
>
> ② $\displaystyle\int f(x)dx=\int f(g(t))g'(t)dt$ ただし, $x=g(t)$
>
> ③ $\displaystyle\int f(g(x))g'(x)dx=\int f(u)du$ ただし, $g(x)=u$
>
> ④ $\displaystyle\int \frac{g'(x)}{g(x)}dx=\log|g(x)|+C$

■A■

■次の不定積分を求めよ。[250〜253]

☑ **250** *(1) $\displaystyle\int(3x-1)^3dx$　(2) $\displaystyle\int\sqrt{2x+5}\,dx$　(3) $\displaystyle\int\frac{4}{2x+3}dx$

*(4) $\displaystyle\int\sin(2x-3)dx$　*(5) $\displaystyle\int e^{2x+1}dx$　(6) $\displaystyle\int 5^{\frac{x}{2}}dx$

☑ **251** *(1) $\displaystyle\int x\sqrt{x+2}\,dx$　(2) $\displaystyle\int x^2\sqrt{x-3}\,dx$　*(3) $\displaystyle\int\frac{2x}{\sqrt{x+3}}dx$

☑ *252 (1) $\displaystyle\int 2x(x^2+1)^3dx$　(2) $\displaystyle\int\sin^5x\cos x\,dx$　(3) $\displaystyle\int\frac{dx}{x\log x}$

☑ *253 (1) $\displaystyle\int\frac{2x+3}{x^2+3x+1}dx$　(2) $\displaystyle\int\frac{\cos x}{\sin x}dx$　(3) $\displaystyle\int\frac{e^x}{e^x+3}dx$

☑ ■Aの■まとめ **254** 次の不定積分を求めよ。

(1) $\displaystyle\int\cos(3x+1)dx$　(2) $\displaystyle\int\frac{x^2-4x}{\sqrt{x-2}}dx$　(3) $\displaystyle\int\frac{e^x-e^{-x}}{e^x+e^{-x}}dx$

■B■

☑ **255** 次の不定積分を求めよ。

(1) $\displaystyle\int\frac{\cos x}{\sqrt{\sin x+2}}dx$　*(2) $\displaystyle\int\frac{e^x}{e^x+e^{-x}}dx$

(3) $\displaystyle\int\frac{\log x}{x(\log x+1)^2}dx$　*(4) $\displaystyle\int\frac{dx}{\cos^4x}$

☑ **256** $\sqrt{x^2+1}+x=t$ とおき換えることにより, 不定積分 $\displaystyle\int\frac{dx}{\sqrt{x^2+1}}$ を求めよ。

27 部分積分法

---

1 部分積分法

① $\displaystyle\int f(x)g'(x)dx=f(x)g(x)-\int f'(x)g(x)dx$

② $\displaystyle\int f(x)dx=xf(x)-\int xf'(x)dx$, $\displaystyle\int \log x\,dx=x\log x-x+C$ （C は積分定数）

■■A■■

☑ ***257** 次の不定積分を求めよ。

(1) $\displaystyle\int x\cos 2x\,dx$ (2) $\displaystyle\int xe^x\,dx$

(3) $\displaystyle\int x^3\log x\,dx$ (4) $\displaystyle\int \log 3x\,dx$

☑ ■Aの■ **258** 次の不定積分を求めよ。
  まとめ

(1) $\displaystyle\int xe^{-2x}\,dx$ (2) $\displaystyle\int \log(x+3)\,dx$

■■ 不定積分（部分積分）

例題 30 不定積分 $\displaystyle\int x^2\sin x\,dx$ を求めよ。

■指針■ **部分積分法** 部分積分法を2回用いる。

解答
$$\int x^2\sin x\,dx=\int x^2(-\cos x)'\,dx=-x^2\cos x+\int 2x\cos x\,dx$$
$$=-x^2\cos x+\int 2x(\sin x)'\,dx$$
$$=-x^2\cos x+2x\sin x-\int 2\sin x\,dx$$
$$=-x^2\cos x+2x\sin x+2\cos x+C\ (C\text{は積分定数}) \quad \boxed{答}$$

■■■B■■■

■次の不定積分を求めよ。[**259**, **260**]

☑ ***259** (1) $\displaystyle\int x^2\cos x\,dx$ (2) $\displaystyle\int x^2e^{2x}\,dx$

☑ **260** (1) $\displaystyle\int x\log(x^2-3)\,dx$ *(2) $\displaystyle\int (x+2)^2\log x\,dx$ *(3) $\displaystyle\int \log(x-1)^3\,dx$

      (4) $\displaystyle\int x^2(\log x)^2\,dx$ (5) $\displaystyle\int (\log 3x)^2\,dx$ *(6) $\displaystyle\int (\log x)^3\,dx$

28 いろいろな関数の不定積分

1 分数関数の積分
① 分子の次数を分母の次数より下げる。
② 部分分数に分解する。

2 三角関数の積分
① 三角関数の公式（2倍角の公式，半角の公式，和と積の公式など）を利用して，次数を下げる。
② $f(\sin x)\cos x$, $f(\cos x)\sin x$, $f(\tan x)\cdot\dfrac{1}{\cos^2 x}$ の形に変形する（置換積分法）。

3 無理関数の積分
① 分母を有理化する。
② $\sqrt{}$ 内または $\sqrt{}$ を t とおき，置換積分を利用する。

■次の不定積分を求めよ。[261～264]

261 *(1) $\displaystyle\int\frac{3x^2+4x-2}{3x+1}dx$ (2) $\displaystyle\int\frac{(x+1)^2}{x-1}dx$ (3) $\displaystyle\int\frac{x^3}{x+1}dx$

262 (1) $\displaystyle\int\frac{dx}{x(x+2)}$ *(2) $\displaystyle\int\frac{2x+1}{x(x+1)}dx$ *(3) $\displaystyle\int\frac{dx}{x^2-3x+2}$

(4) $\displaystyle\int\frac{x+2}{2x^2-x-1}dx$ (5) $\displaystyle\int\frac{3x-2}{2x^2-x-3}dx$ *(6) $\displaystyle\int\frac{x-5}{x^2-1}dx$

263 (1) $\displaystyle\int(2e^x-1)^2 dx$ *(2) $\displaystyle\int(e^x-2e^{-x})^3 dx$

264 *(1) $\displaystyle\int\sin^2 2x\,dx$ (2) $\displaystyle\int\sin^4 x\,dx$ (3) $\displaystyle\int(\sin x+\cos x)^4 dx$

*(4) $\displaystyle\int\sin x\cos 4x\,dx$ (5) $\displaystyle\int\sin 2x\sin 4x\,dx$ *(6) $\displaystyle\int\cos 3x\cos 5x\,dx$

Aのまとめ 265 次の不定積分を求めよ。

(1) $\displaystyle\int\frac{3x^3+7x}{x^2+1}dx$ (2) $\displaystyle\int\frac{2}{x^2+2x-3}dx$

(3) $\displaystyle\int\cos 2x\cos 5x\,dx$

第5章 積分法

不定積分（分数関数，三角関数）

例題 31

次の不定積分を求めよ。

(1) $\displaystyle\int \frac{dx}{(x+1)(x+2)^2}$

(2) $\displaystyle\int \frac{dx}{1+\sin x}$

指針 **分数関数の積分** 部分分数に分解する。ここでは

$\dfrac{1}{(x+1)(x+2)^2}=\dfrac{a}{x+1}+\dfrac{b}{x+2}+\dfrac{c}{(x+2)^2}$ として，定数 a, b, c を定める。

三角関数の積分 $f(\sin x)\cos x$, $f(\cos x)\sin x$, $f(\tan x)\dfrac{1}{\cos^2 x}$ の形に変形する。

⟶ 置換積分法

解答

(1) $\dfrac{1}{(x+1)(x+2)^2}=\dfrac{a}{x+1}+\dfrac{b}{x+2}+\dfrac{c}{(x+2)^2}$ …… ① (a, b, c は定数) とする。

① の両辺に $(x+1)(x+2)^2$ を掛けて

$$1=a(x+2)^2+b(x+1)(x+2)+c(x+1)$$

両辺に $x=0$, -1, -2 を代入すると $1=4a+2b+c$, $1=a$, $1=-c$

これを解いて $a=1$, $b=-1$, $c=-1$

このとき，① は確かに恒等式となる。

よって $\displaystyle\int\frac{dx}{(x+1)(x+2)^2}=\int\left\{\frac{1}{x+1}+\frac{-1}{x+2}+\frac{-1}{(x+2)^2}\right\}dx$

$=\log|x+1|-\log|x+2|+\dfrac{1}{x+2}+C$ （C は積分定数） **答**

(2) $\dfrac{1}{1+\sin x}=\dfrac{1-\sin x}{(1+\sin x)(1-\sin x)}=\dfrac{1}{\cos^2 x}-\dfrac{\sin x}{\cos^2 x}$

よって $\displaystyle\int\frac{dx}{1+\sin x}=\int\left(\frac{1}{\cos^2 x}-\frac{\sin x}{\cos^2 x}\right)dx=\int\left\{\frac{1}{\cos^2 x}+\frac{(\cos x)'}{\cos^2 x}\right\}dx$

$=\tan x-\dfrac{1}{\cos x}+C$ （C は積分定数） **答**

■次の不定積分を求めよ。[**266～268**]

☐ **266** (1) $\displaystyle\int \frac{2x+1}{(x+1)^2}dx$

(2) $\displaystyle\int \frac{3x+2}{x(x+1)^2}dx$

*(3) $\displaystyle\int \frac{2x^4+x^3+12}{x^3-3x+2}dx$

☐***267** (1) $\displaystyle\int \sin^5 x\,dx$

(2) $\displaystyle\int \frac{\sin^3 x}{\cos x}dx$

☐ **268** (1) $\displaystyle\int \frac{dx}{\sin 3x}$

*(2) $\displaystyle\int \frac{dx}{\cos^3 x}$

*(3) $\displaystyle\int \frac{dx}{1-\cos x}$

(4) $\displaystyle\int \tan^4 x\,dx$

■ 部分積分法（同形出現）

例題 32 不定積分 $\displaystyle\int e^x \sin x \, dx$ を求めよ。

■指針■ **部分積分法** 部分積分法を2回用いると，同じ形が出てくる。

解答

$\displaystyle\int e^x \sin x \, dx = I$ とする。

$$I = \int (e^x)' \sin x \, dx = e^x \sin x - \int e^x \cos x \, dx$$

$$= e^x \sin x - \int (e^x)' \cos x \, dx$$

$$= e^x \sin x - \left\{ e^x \cos x - \int e^x(-\sin x) \, dx \right\}$$

$$= e^x \sin x - e^x \cos x - \int e^x \sin x \, dx$$

$$= e^x(\sin x - \cos x) - I$$

したがって　$\displaystyle\int e^x \sin x \, dx = \frac{1}{2} e^x(\sin x - \cos x) + C$（$C$は積分定数）　**答**

269 次の不定積分を求めよ。

(1) $\displaystyle\int \frac{dx}{\sqrt{x+1}-\sqrt{x}}$

*(2) $\displaystyle\int \frac{x}{\sqrt{3x+4}-2} \, dx$

(3) $\displaystyle\int \frac{x+1}{x\sqrt{2x+1}} \, dx$

*(4) $\displaystyle\int \frac{2x^2+x}{\sqrt{3x+1}-\sqrt{x}} \, dx$

270 $\log x = t$ とおいて，不定積分 $\displaystyle\int \sin(\log x) \, dx$ を求めよ。

■次の不定積分を求めよ。[**271**, **272**]

271 (1) $\displaystyle\int \sin x \log(\cos x) \, dx$

(2) $\displaystyle\int x \tan^2 x \, dx$

(3) $\displaystyle\int x^2 \log(x+1) \, dx$

(4) $\displaystyle\int (3x)^2 e^{-3x} \, dx$

272 *(1) $\displaystyle\int e^x \cos x \, dx$

(2) $\displaystyle\int \frac{\sin x}{e^x} \, dx$

(3) $\displaystyle\int (e^x)^2 \cos 3x \, dx$

発展

273 $I_n = \displaystyle\int (\log x)^n \, dx$（$n$ は自然数）とする。$I_{n+1} = x(\log x)^{n+1} - (n+1)I_n$ が成り立つことを証明せよ。また，これを利用して $\displaystyle\int (\log x)^3 \, dx$ を求めよ。

29 定積分とその基本性質

---

1 **定積分とその基本性質** k, l は定数とする。

① **定義** ある区間で連続な関数 $f(x)$ の不定積分の1つを $F(x)$ とするとき，区間に属する2つの実数 a, b に対して

$$\int_a^b f(x)dx = \Big[F(x) \Big]_a^b = F(b) - F(a)$$

② $\displaystyle\int_a^b \{kf(x) + lg(x)\} dx = k\int_a^b f(x)dx + l\int_a^b g(x)dx$

③ $\displaystyle\int_a^b f(x)dx = \int_a^b f(t)dt, \quad \int_a^a f(x)dx = 0, \quad \int_b^a f(x)dx = -\int_a^b f(x)dx$

④ $\displaystyle\int_a^b f(x)dx = \int_a^c f(x)dx + \int_c^b f(x)dx$

■■ A ■■

■ 次の定積分を求めよ。[**274～277**]

☑ **274** *(1) $\displaystyle\int_e^{e^2} \frac{dx}{x}$ (2) $\displaystyle\int_1^2 \frac{dx}{2x-1}$ *(3) $\displaystyle\int_{-\pi}^{\pi} \cos\theta\,d\theta$

(4) $\displaystyle\int_0^{\frac{\pi}{3}} \frac{dx}{\cos^2 x}$ *(5) $\displaystyle\int_0^1 e^{3x} dx$ (6) $\displaystyle\int_0^1 2^x dx$

☑ **275** *(1) $\displaystyle\int_1^e \frac{x^2-1}{x^3} dx$ (2) $\displaystyle\int_0^1 \frac{(x+3)^2}{x+1} dx$ (3) $\displaystyle\int_1^2 \frac{5x^2-3x}{\sqrt{x}} dx$

(4) $\displaystyle\int_2^3 \frac{dx}{x(x-1)}$ *(5) $\displaystyle\int_{-1}^1 \frac{dx}{x^2-5x+6}$ *(6) $\displaystyle\int_0^1 (e^{\frac{x}{2}} + e^{-\frac{x}{2}})dx$

☑ **276** (1) $\displaystyle\int_0^{\frac{\pi}{2}} (\sin 2x + \cos 3x)dx$ *(2) $\displaystyle\int_0^{\frac{\pi}{2}} \cos 3x \cos 2x\,dx$

(3) $\displaystyle\int_0^{\pi} \sin 2x \cos 4x\,dx$ *(4) $\displaystyle\int_0^{\pi} \cos^2 x\,dx$

☑ **277** (1) $\displaystyle\int_2^5 |x-3|\,dx$ *(2) $\displaystyle\int_{-\frac{\pi}{2}}^{\pi} |\sin x|\,dx$

*(3) $\displaystyle\int_0^9 |\sqrt{x}-2|\,dx$ (4) $\displaystyle\int_{-2}^{\pi} |1-e^x|\,dx$

☑ **Aの** **278** 次の定積分を求めよ。
まとめ

(1) $\displaystyle\int_1^2 \frac{x^2-1}{x} dx$ (2) $\displaystyle\int_0^{\frac{\pi}{8}} \sin^2 2\theta\,d\theta$ (3) $\displaystyle\int_{\frac{\pi}{6}}^{\frac{4}{3}\pi} |\cos x|\,dx$

■ 定積分の最小

例題 33 定積分 $I=\displaystyle\int_0^{\frac{\pi}{2}}(k-\cos x)^2\,dx$ を最小にする定数 k の値を求めよ。

指針 **定積分の最大・最小** まず定積分を計算して，I を k の関数として表す。

解答

$$I=\int_0^{\frac{\pi}{2}}(k^2-2k\cos x+\cos^2 x)\,dx$$

$$=\int_0^{\frac{\pi}{2}}\left(k^2-2k\cos x+\frac{1+\cos 2x}{2}\right)dx$$

$$=\left[k^2 x-2k\sin x+\frac{x}{2}+\frac{1}{4}\sin 2x\right]_0^{\frac{\pi}{2}}$$

$$=\frac{\pi}{2}k^2-2k+\frac{\pi}{4}=\frac{\pi}{2}\left(k-\frac{2}{\pi}\right)^2-\frac{2}{\pi}+\frac{\pi}{4}$$

よって，I を最小にする定数 k の値は　　$k=\dfrac{2}{\pi}$ **答**

☑***279** 次の定積分を求めよ。

(1) $\displaystyle\int_0^{\pi}\sin^4 x\,dx$ 　　　　　　(2) $\displaystyle\int_0^{\frac{\pi}{2}}\frac{\sin^2 x}{1+\cos x}\,dx$

(3) $\displaystyle\int_1^3\frac{\sqrt{x^2-6x+9}}{x}\,dx$ 　　　(4) $\displaystyle\int_0^1\frac{dx}{\sqrt{x+1}+\sqrt{x}}$

☑ **280** 次の定積分を求めよ。

*(1) $\displaystyle\int_0^{\frac{\pi}{2}}|\cos 2x|\,dx$ 　　　　　(2) $\displaystyle\int_{\frac{\pi}{3}}^{\pi}|\sin 3x|\,dx$

*(3) $\displaystyle\int_0^{\pi}|\sin x+\cos x|\,dx$

☑ **281** 次の定積分を求めよ。ただし，m，n は自然数とする。

(1) $\displaystyle\int_0^{\pi}\cos mx\cos nx\,dx$ 　　　　*(2) $\displaystyle\int_0^{\pi}\sin mx\sin nx\,dx$

(3) $\displaystyle\int_0^{\pi}\sin mx\cos nx\,dx$

☑***282** 定積分 $I=\displaystyle\int_0^1(x-k\sqrt{x})^2\,dx$ の最小値と，そのときの定数 k の値を求めよ。

第5章 積分法

ヒント **281** $m\ne n$，$m=n$ の 2 つの場合に分ける。

30 定積分の置換積分法

1 定積分の置換積分法

$\alpha<\beta$ のとき，区間 $[\alpha,\ \beta]$ で微分可能な関数 $x=g(t)$ に対し，$a=g(\alpha)$，$b=g(\beta)$

ならば $\displaystyle\int_a^b f(x)dx=\int_\alpha^\beta f(g(t))g'(t)dt$

2 よく用いられるおき換え

① $f(ax+b)$ $ax+b=t$ ② $f'(x)\{f(x)\}^\alpha,\ \dfrac{f'(x)}{f(x)}$ $f(x)=t$

③ $\sqrt{a^2-x^2}$ $x=a\sin\theta$ または $x=a\cos\theta$ ④ $\dfrac{1}{x^2+a^2}$ $x=a\tan\theta$

3 偶関数・奇関数の定積分

① 偶関数 $f(-x)=f(x)$ のとき $\displaystyle\int_{-a}^a f(x)dx=2\int_0^a f(x)dx$

② 奇関数 $f(-x)=-f(x)$ のとき $\displaystyle\int_{-a}^a f(x)dx=0$

A

■次の定積分を求めよ。[**283~285**]

283 (1) $\displaystyle\int_{-1}^1 (1-2x)^3 dx$ (2) $\displaystyle\int_0^1 \dfrac{2x}{(1+2x)^3}dx$ (3) $\displaystyle\int_7^{12}\dfrac{dx}{\sqrt{(x-3)^3}}$

284 *(1) $\displaystyle\int_0^2 2x(x^2+1)^3 dx$ (2) $\displaystyle\int_1^2\dfrac{x^2-2x}{x^3-3x^2+1}dx$ *(3) $\displaystyle\int_0^1\dfrac{x}{\sqrt{x^2+4}}dx$

*(4) $\displaystyle\int_1^e\dfrac{\log x}{x}dx$ *(5) $\displaystyle\int_0^1 x^2 e^{x^3}dx$ (6) $\displaystyle\int_0^{\frac{\pi}{6}}\sin^2 x\cos^3 x\,dx$

285 *(1) $\displaystyle\int_0^3\sqrt{9-x^2}\,dx$ (2) $\displaystyle\int_0^2\dfrac{dx}{\sqrt{16-x^2}}$ *(3) $\displaystyle\int_0^{\sqrt3}\dfrac{dx}{\sqrt{8-2x^2}}$

*(4) $\displaystyle\int_0^2\dfrac{dx}{x^2+4}$ (5) $\displaystyle\int_{-\sqrt3}^{\sqrt3}\dfrac{dx}{x^2+3}$ (6) $\displaystyle\int_0^{2\sqrt3}\dfrac{dx}{3x^2+12}$

286 偶関数，奇関数の定積分の性質を用いて，次の定積分を求めよ。

(1) $\displaystyle\int_{-1}^1 (x^3+x^2+x+1)dx$ (2) $\displaystyle\int_{-\pi}^\pi\sin^2 x\,dx$ (3) $\displaystyle\int_{-2}^2 x\sqrt{x^2+1}\,dx$

Aのまとめ 287 次の定積分を求めよ。

(1) $\displaystyle\int_0^1\dfrac{dx}{(1+2x)^3}$ (2) $\displaystyle\int_0^1\dfrac{2e^x}{e^x+1}dx$ (3) $\displaystyle\int_0^{\frac{\pi}{2}}\dfrac{\sin x}{2+\cos x}dx$

(4) $\displaystyle\int_0^5\sqrt{25-x^2}\,dx$ (5) $\displaystyle\int_0^5\dfrac{dx}{x^2+25}$ (6) $\displaystyle\int_{-\frac{\pi}{2}}^{\frac{\pi}{2}}\cos^2 x\,dx$

■分母が2次式の積分

例題 34　定積分 $\displaystyle\int_1^4 \frac{dx}{x^2+kx+4}$ を，次の各場合について求めよ。

(1)　$k=5$　　　　(2)　$k=4$　　　　(3)　$k=-2$

■指針■　$\dfrac{1}{ax^2+bx+c}$ $(a\neq0)$ の定積分の求め方　$ax^2+bx+c=0$ の判別式 D について，

$D>0$ ならば部分分数に分け，$D=0$ ならば $\dfrac{1}{(x-p)^2}$ の形，$D<0$ ならば

$\dfrac{1}{(x-p)^2+q}$ の形に変形して求める。

解答

(1)　$\displaystyle\int_1^4 \frac{dx}{x^2+5x+4}=\int_1^4 \frac{dx}{(x+4)(x+1)}=\frac{1}{3}\int_1^4\left(\frac{1}{x+1}-\frac{1}{x+4}\right)dx$

$\displaystyle\qquad\qquad =\frac{1}{3}\Big[\log|x+1|-\log|x+4|\Big]_1^4=\frac{2}{3}\log\frac{5}{4}$　**答**

(2)　$\displaystyle\int_1^4 \frac{dx}{x^2+4x+4}=\int_1^4 \frac{dx}{(x+2)^2}=\Big[-\frac{1}{x+2}\Big]_1^4=\frac{1}{6}$　**答**

(3)　分母を変形すると　$x^2-2x+4=(x-1)^2+3$

$x-1=\sqrt{3}\tan\theta$ とおくと　$dx=\dfrac{\sqrt{3}}{\cos^2\theta}d\theta$

x と θ の対応は右のようにとれる。

x	$1 \longrightarrow 4$
θ	$0 \longrightarrow \dfrac{\pi}{3}$

よって　$\displaystyle\int_1^4 \frac{dx}{x^2-2x+4}=\int_0^{\frac{\pi}{3}} \frac{1}{3(\tan^2\theta+1)}\cdot\frac{\sqrt{3}}{\cos^2\theta}d\theta$

$\displaystyle\qquad\qquad =\frac{\sqrt{3}}{3}\int_0^{\frac{\pi}{3}}d\theta=\frac{\sqrt{3}}{3}\Big[\theta\Big]_0^{\frac{\pi}{3}}=\frac{\sqrt{3}}{9}\pi$　**答**

■■■ B ■■■

☐ **288**　次の定積分を求めよ。

(1)　$\displaystyle\int_3^5 \frac{2x}{\sqrt{(x-2)^3}}dx$　　*(2)　$\displaystyle\int_0^1 \frac{dx}{1+e^x}$　　*(3)　$\displaystyle\int_0^1 \sqrt{2x-x^2}\,dx$

☐ **289**　次の定積分を求めよ。ただし，a は正の定数とする。

(1)　$\displaystyle\int_0^{\sqrt{3}} \frac{2x+1}{x^2+1}dx$　　*(2)　$\displaystyle\int_1^2 \frac{dx}{x^2-2x+2}$　　*(3)　$\displaystyle\int_0^a \frac{dx}{(x^2+a^2)^2}$

☐***290**　連続な関数 $f(x)$ について，次の等式を証明せよ。

(1)　$\displaystyle\int_a^b f(x)dx=\int_a^b f(a+b-x)dx$

(2)　$\displaystyle\int_0^a f(x)dx=\int_0^{\frac{a}{2}} \{f(x)+f(a-x)\}dx$

31 定積分の部分積分法

1 定積分の部分積分法

① $\displaystyle\int_a^b f(x)g'(x)dx=\Big[f(x)g(x)\Big]_a^b-\int_a^b f'(x)g(x)dx$

② $\displaystyle\int_a^b f(x)dx=\Big[xf(x)\Big]_a^b-\int_a^b xf'(x)dx$

■■ A ■■

291 次の定積分を求めよ。

(1) $\displaystyle\int_0^1 x(x-1)^4\,dx$ 　　*(2) $\displaystyle\int_0^{\frac{\pi}{2}} x\sin 2x\,dx$ 　　(3) $\displaystyle\int_0^\pi x\cos 3x\,dx$

(4) $\displaystyle\int_0^2 xe^x\,dx$ 　　*(5) $\displaystyle\int_1^2 x^2\log x\,dx$ 　　(6) $\displaystyle\int_1^e \log x\,dx$

*292 定積分 $\displaystyle\int_{-5}^3 (x-3)(x+5)^3\,dx$ を次の方法で求めよ。

(1) 式変形 $(x-3)(x+5)^3=\{(x+5)-8\}(x+5)^3$ を利用

(2) 置換積分法 ($x+5=t$ とおく) を利用

(3) 部分積分法を利用

293 次の等式を証明せよ。

*(1) $\displaystyle\int_\alpha^\beta (x-\alpha)^2(x-\beta)dx=-\frac{(\beta-\alpha)^4}{12}$

(2) $\displaystyle\int_\alpha^\beta (x-\alpha)(x-\beta)^3 dx=\frac{(\alpha-\beta)^5}{20}$

Aの まとめ **294** 次の定積分を求めよ。

(1) $\displaystyle\int_0^\pi x\cos 2x\,dx$ 　　　　(2) $\displaystyle\int_1^2 \log(x+1)dx$

■■ B ■■

295 次の定積分を求めよ。

*(1) $\displaystyle\int_0^1 x^2 e^{2x}\,dx$ 　　(2) $\displaystyle\int_1^e (\log x)^2\,dx$ 　　*(3) $\displaystyle\int_0^{\frac{\pi}{3}} \frac{x}{\cos^2 x}\,dx$

296 定積分 $I=\displaystyle\int_0^{\frac{\pi}{2}} e^{2x}\cos x\,dx$ を求めよ。

定積分（置換積分，部分積分）

例題 35 置換積分法と部分積分法によって，次の定積分を求めよ。

(1) $\displaystyle\int_1^2 e^{\sqrt{x}}\,dx$　　　　(2) $\displaystyle\int_0^1 \log(x+\sqrt{1+x^2})\,dx$

指針 **置換積分法と部分積分法** 置換積分法と部分積分法を組み合わせて解く。

解答 (1) $\sqrt{x}=t$ とおくと　　$x=t^2,\ dx=2t\,dt$

x と t の対応は右のようになる。よって

x	$1 \longrightarrow 2$
t	$1 \longrightarrow \sqrt{2}$

$$\int_1^2 e^{\sqrt{x}}\,dx=\int_1^{\sqrt{2}} e^t\cdot 2t\,dt=2\int_1^{\sqrt{2}} te^t\,dt=2\int_1^{\sqrt{2}} t(e^t)'\,dt$$

$$=2\left(\Big[te^t\Big]_1^{\sqrt{2}}-\int_1^{\sqrt{2}} e^t\,dt\right)=\boldsymbol{2(\sqrt{2}-1)e^{\sqrt{2}}}\quad\text{答}$$

(2) $\displaystyle\int_0^1 \log(x+\sqrt{1+x^2})\,dx=\int_0^1 (x)'\log(x+\sqrt{1+x^2})\,dx$

$$=\Big[x\log(x+\sqrt{1+x^2})\Big]_0^1-\int_0^1 \frac{x}{\sqrt{1+x^2}}\,dx$$

$$=\log(1+\sqrt{2})-\int_0^1 \frac{x}{\sqrt{1+x^2}}\,dx$$

ここで，$1+x^2=t$ とおくと　　$2x\,dx=dt$

x と t の対応は右のようになる。よって

x	$0 \longrightarrow 1$
t	$1 \longrightarrow 2$

$$\int_0^1 \frac{x}{\sqrt{1+x^2}}\,dx=\frac{1}{2}\int_1^2 \frac{dt}{\sqrt{t}}=\frac{1}{2}\Big[2\sqrt{t}\Big]_1^2=\sqrt{2}-1$$

ゆえに　　（与式）$=\boldsymbol{\log(1+\sqrt{2})-\sqrt{2}+1}$　答

第5章
積分法

▚▚▚ B ▚▚▚

297 置換積分法と部分積分法によって，次の定積分を求めよ。

*(1) $\displaystyle\int_0^{\frac{\pi^2}{4}} \sin\sqrt{x}\,dx$　　　　(2) $\displaystyle\int_0^1 \log(x^2+1)\,dx$

*298 関数 $f(x)=a\sin x+b\cos x$ が，$\displaystyle\int_0^{\frac{\pi}{2}} f(x)\,dx=5,\ \int_0^{\frac{\pi}{2}} xf(x)\,dx=1+\pi$ を満たすとき，定数 $a,\ b$ の値を求めよ。

299 次の条件を満たす x の2次関数 $f(x)$ を求めよ。

$$f(-1)=0,\quad \int_0^{\frac{\pi}{2}} f'(x)\sin x\,dx=0,\quad \int_{-1}^1 f(x)\,dx=1$$

*300 定積分 $\displaystyle I=\int_{-\pi}^{\pi}(x-k\sin x)^2\,dx$ の最小値と，そのときの定数 k の値を求めよ。

301 等式 $\displaystyle\int_a^{2a} \log x\,dx=a$ が成り立つとき，正の定数 a の値を求めよ。

32 定積分の種々の問題 (1)

1 定積分で表された関数

① $\displaystyle\int_a^x f(t)\,dt$ の導関数　a が定数のとき　$\displaystyle\frac{d}{dx}\int_a^x f(t)\,dt = f(x)$

② $\displaystyle\frac{d}{dx}\int_{h(x)}^{g(x)} f(t)\,dt = f(g(x))g'(x) - f(h(x))h'(x)$ 　（x は t に無関係な変数）

▉▉A▉▉

302 次の関数を x について微分せよ。ただし、(3) では $x > 0$ とする。

(1) $\displaystyle\int_0^x (t^5 + 2t)\,dt$ 　　　(2) $\displaystyle\int_0^x e^t \sin 2t\,dt$ 　　　*(3) $\displaystyle\int_1^x (t-1)\log t\,dt$

Aの まとめ **303** 関数 $\displaystyle\int_0^x t e^t\,dt$ を x について微分せよ。

▉▉B▉▉

304 次の関数を x について微分せよ。

*(1) $\displaystyle\int_0^x (x^2 + xt)\,dt$ 　　　(2) $\displaystyle\int_0^x e^{x+t}\,dt$ 　　　*(3) $\displaystyle\int_0^x \cos(x+t)\,dt$

305 次の関数を x について微分せよ。

(1) $\displaystyle\int_0^{2x} (1+t)e^t\,dt$ 　　　*(2) $\displaystyle\int_1^{x^2} e^t \cos t\,dt$ 　　　(3) $\displaystyle\int_x^{2x} \cos^2 t\,dt$

*306 次の等式を満たす関数 $f(x)$ を求めよ。

(1) $\displaystyle\int_0^x f(t)\,dt = e^x + 2x - 1$ 　　　(2) $\displaystyle\int_0^x (x-t)f(t)\,dt = \sin x - x$

*307 次の等式を満たす関数 $f(x)$ を求めよ。

(1) $f(x) = \dfrac{1}{x} + \displaystyle\int_1^3 f(t)\,dt$ 　　　(2) $f(x) = x + \displaystyle\int_0^1 f(t)e^{x+t}\,dt$

308 (1) 関数 $\displaystyle\int_1^x e^t \log t\,dt\ (x>0),\ \int_x^{x^2} \sin(2t+3)\,dt$ を x について微分せよ。

(2) 関数 $\displaystyle\int_0^x \sin(x+t)\,dt$ を x について微分せよ。

(3) 等式 $f(x) = x + \displaystyle\int_0^1 f(t)(x^2 + xt)\,dt$ を満たす関数 $f(x)$ を求めよ。

■ 定積分で表された関数の最大・最小

例題 36

$y=\int_{1-x}^{1+x}(1+\log t)dt \ (0<x<1)$ の値を最大にする x の値を求めよ。

指針 **定積分で表された関数の最大・最小** 被積分関数の不定積分の 1 つを $F(t)$ とし，定積分を $F(t)$ を用いて表す。

解答 $1+\log t$ の不定積分の 1 つを $F(t)$ とすると $\quad F'(t)=1+\log t$

また $\quad y=\int_{1-x}^{1+x}(1+\log t)dt=F(1+x)-F(1-x)$

よって $\quad y'=F'(1+x)\cdot 1-F'(1-x)\cdot(-1)$

$\qquad\qquad =1+\log(1+x)+1+\log(1-x)$

$\qquad\qquad =\log(1-x^2)+2$

$y'=0$ とすると，$\log(1-x^2)=-2$ から $\quad 1-x^2=e^{-2}$

$0<1-\dfrac{1}{e^2}<1$ であり，$0<x<1$ から $\quad x=\dfrac{\sqrt{e^2-1}}{e}$

この値の前後で y' の符号は正から負に変わり，y は極大かつ最大となる。

したがって，求める x の値は $\quad \boldsymbol{x=\dfrac{\sqrt{e^2-1}}{e}}$ **答**

☐ ***309** 次の条件を満たす関数 $f(x)$，$g(x)$ を求めよ。

$$f(x)=x^2+\int_0^1 tg(t)dt, \quad g(x)=e^{-x}+x\int_0^1 f(t)dt$$

☐ **310** 次の等式を満たす関数 $f(x)$ と定数 a の値を求めよ。

(1) $\displaystyle\int_0^x (x-t)f(t)dt=\cos x-a$ 　　*(2) $\displaystyle x+\int_a^x (x-t)f(t)dt=e^x-1$

☐ **311** 次の等式を満たす関数 $f(x)$ は存在するか。存在する場合は $f(x)$ を求め，存在しない場合は証明せよ。

(1) $\displaystyle f(x)=x^2+\int_0^\pi f(t)\sin t\,dt$ 　　(2) $\displaystyle f(x)=x^2+\int_0^{\frac{\pi}{2}} f(t)\sin t\,dt$

☐ ***312** 関数 $\displaystyle f(x)=\int_0^x (x-t)(-\cos t+3\cos 3t)dt$ の $0\leqq x\leqq\pi$ における最小値と，そのときの x の値を求めよ。

第5章 積分法

33 定積分の種々の問題(2)

---

1 定積分と和の極限

① $\displaystyle\int_a^b f(x)dx = \lim_{n\to\infty}\sum_{k=0}^{n-1} f(x_k)\varDelta x = \lim_{n\to\infty}\sum_{k=1}^{n} f(x_k)\varDelta x$

ここで $\varDelta x = \dfrac{b-a}{n}$, $x_k = a + k\varDelta x$

② $\displaystyle\lim_{n\to\infty}\frac{1}{n}\sum_{k=0}^{n-1} f\left(\frac{k}{n}\right) = \lim_{n\to\infty}\frac{1}{n}\sum_{k=1}^{n} f\left(\frac{k}{n}\right) = \int_0^1 f(x)dx$

2 定積分と不等式

区間 $[a, b]$ で $f(x) \geqq g(x)$ ならば $\displaystyle\int_a^b f(x)dx \geqq \int_a^b g(x)dx$

等号は,常に $f(x) = g(x)$ であるときに限って成り立つ。

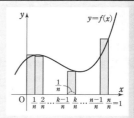

■■A■■

☐ **313** 極限値 $\displaystyle\lim_{n\to\infty}\frac{1}{n}\left(\frac{n+1}{n}+\frac{n+2}{n}+\cdots\cdots+\frac{2n}{n}\right)$ を次の方法で求めよ。

(1) $\dfrac{n+1}{n}+\dfrac{n+2}{n}+\cdots\cdots+\dfrac{2n}{n} = \dfrac{n\times n+\frac{1}{2}n(n+1)}{n}$ を利用

(2) $\displaystyle\lim_{n\to\infty}\frac{1}{n}\sum_{k=1}^{n}\left(1+\frac{k}{n}\right)$ の形から積分を利用

☐ **314** 次の極限値を求めよ。

(1) $\displaystyle\lim_{n\to\infty}\frac{1}{n}\left(\frac{1}{n}+\frac{2}{n}+\cdots+\frac{n}{n}\right)$ 　　*(2) $\displaystyle\lim_{n\to\infty}\frac{1}{n}\left(\frac{n+2}{n}+\frac{n+4}{n}+\cdots+\frac{3n}{n}\right)$

(3) $\displaystyle\lim_{n\to\infty}\frac{1}{n}\sum_{k=0}^{n-1}\log\left(1+\frac{k}{n}\right)$ 　　*(4) $\displaystyle\lim_{n\to\infty}\frac{1}{n}\sum_{k=0}^{n-1}\frac{n}{n+2k}$

☐ **315** 次の (A) を証明し,(A) を用いて (B) を証明せよ。

*(1) (A) $0 \leqq x \leqq 2$ のとき $1 \leqq x^2-2x+2 \leqq 2$ 　(B) $1 < \displaystyle\int_0^2 \frac{dx}{x^2-2x+2} < 2$

(2) (A) $0 \leqq x \leqq \dfrac{1}{2}$ のとき $1 \geqq \sqrt{1-x^3} \geqq \sqrt{1-x}$ 　(B) $\dfrac{1}{2} < \displaystyle\int_0^{\frac{1}{2}} \frac{dx}{\sqrt{1-x^3}} < 2-\sqrt{2}$

☐ **Aの まとめ** **316** (1) 次の極限値を求めよ。

(ア) $\displaystyle\lim_{n\to\infty}\frac{1}{n}\left(\frac{2}{n}+\frac{4}{n}+\cdots\cdots+\frac{2n}{n}\right)$ 　(イ) $\displaystyle\lim_{n\to\infty}\frac{1}{n}\sum_{k=1}^{n}\sin\frac{3k}{n}\pi$

(2) $\sin x < x \left(0 < x < \dfrac{\pi}{2}\right)$ から $\displaystyle\int_0^{\frac{\pi}{2}}\sin x\,dx < \frac{\pi^2}{8}$ を証明せよ。

定積分と極限

例題 37

0 から x $(x>0)$ までの積分によって，次のことを証明せよ。

(1) $e^x > x$ (2) $e^x > \dfrac{x^2}{2}$ (3) $\displaystyle\lim_{x\to\infty}\dfrac{e^x}{x}=\infty$

指針 **定積分と極限** 定積分の不等式から得られる不等式を，極限を求めるのに利用。

解答

(1) $t\geqq 0$ のとき $e^t\geqq 1$ から $\displaystyle\int_0^x e^t\,dt>\int_0^x dt$

$e^x-1>x$ により $e^x>x$ **終**

(2) (1) から $\displaystyle\int_0^x e^t\,dt>\int_0^x t\,dt$ $e^x-1>\dfrac{x^2}{2}$ により $e^x>\dfrac{x^2}{2}$ **終**

(3) (2) から $\dfrac{e^x}{x}>\dfrac{x}{2}$ $\displaystyle\lim_{x\to\infty}\dfrac{x}{2}=\infty$ により $\displaystyle\lim_{x\to\infty}\dfrac{e^x}{x}=\infty$ **終**

317 次の極限値を求めよ。

*(1) $\displaystyle\lim_{n\to\infty}\left(\sqrt{\dfrac{n+1}{n^3}}+\sqrt{\dfrac{n+2}{n^3}}+\cdots\cdots+\sqrt{\dfrac{n+n}{n^3}}\right)$

(2) $\displaystyle\lim_{n\to\infty}\left\{\dfrac{n^2}{n^3}+\dfrac{n^2}{(n+1)^3}+\cdots\cdots+\dfrac{n^2}{(2n-1)^3}\right\}$

*318 次の不等式を証明せよ。

(1) $\dfrac{\pi}{2}<\displaystyle\int_0^{\frac{\pi}{2}}\dfrac{dx}{\sqrt{1-\dfrac{1}{2}\sin^2 x}}<\dfrac{\pi}{\sqrt{2}}$ (2) $\dfrac{1}{3}<\displaystyle\int_0^1 x^{(\sin x+\cos x)^2}\,dx<\dfrac{1}{2}$

*319 定積分を用いて，次の不等式を証明せよ。ただし，n は自然数とする。

$$1+\dfrac{1}{\sqrt{2}}+\cdots\cdots+\dfrac{1}{\sqrt{n}}>2(\sqrt{n+1}-1)$$

320 不等式 $0\leqq\dfrac{x^{2n}}{1+x^2}\leqq x^{2n}$（$n$ は自然数）を用いて，$\displaystyle\lim_{n\to\infty}\int_0^1\dfrac{x^{2n}}{1+x^2}\,dx=0$ を証明せよ。

発展

321 次の極限値を求めよ。ただし，a は定数とする。

(1) $\displaystyle\lim_{x\to 0}\dfrac{1}{x}\int_0^x\dfrac{dt}{1+\cos t}$ (2) $\displaystyle\lim_{x\to a}\dfrac{1}{x-a}\int_a^x(1+\sin t)^2\,dt$

ヒント **321** 導関数，定積分の定義を利用する。

34 第5章 演習問題

■■ $\tan\dfrac{x}{2}$ の活用

例題 38 $\tan\dfrac{x}{2}=t$ とおき,不定積分 $\displaystyle\int\dfrac{dx}{\sin x-1}$ を求めよ。

■指針■ 三角関数の不定積分 $\tan\dfrac{x}{2}=t$ とおくと $\sin x=\dfrac{2t}{1+t^2}$, $\cos x=\dfrac{1-t^2}{1+t^2}$

三角関数の不定積分は, t の分数関数の不定積分におき換えられる。

解答 $\tan\dfrac{x}{2}=t$ とおくと $\sin x=2\sin\dfrac{x}{2}\cos\dfrac{x}{2}=2\tan\dfrac{x}{2}\cdot\cos^2\dfrac{x}{2}$

$$=2\tan\dfrac{x}{2}\cdot\dfrac{1}{1+\tan^2\dfrac{x}{2}}=\dfrac{2t}{1+t^2}$$

また, $\dfrac{1}{\cos^2\dfrac{x}{2}}\cdot\dfrac{1}{2}dx=dt$ から

$$dx=\dfrac{2}{1+\tan^2\dfrac{x}{2}}dt \quad \text{すなわち} \quad dx=\dfrac{2}{1+t^2}dt$$

よって $\displaystyle\int\dfrac{dx}{\sin x-1}=\int\dfrac{1}{\dfrac{2t}{1+t^2}-1}\cdot\dfrac{2}{1+t^2}dt=-\int\dfrac{2}{(t-1)^2}dt$

$$=\dfrac{2}{t-1}+C=\dfrac{2}{\tan\dfrac{x}{2}-1}+C \quad \text{(}C\text{は積分定数)} \text{ 答}$$

B

☐ **322** 次の不定積分を求めよ。

    (1) $\displaystyle\int\dfrac{dx}{1+\tan x}$ (2) $\displaystyle\int\dfrac{dx}{4\sin x+3\cos x}$

☐ **323** 等式 $f(x)=\sin x+\displaystyle\int_{-\pi}^{\pi}(x-t)f(t)dt$ を満たす関数 $f(x)$ を求めよ。

☐ **324** 等式 $\displaystyle\int_{0}^{2x+a}f(t)dt=1-e^x$ を満たす関数 $f(x)$ と定数 a の値を求めよ。

☐ **325** 次の極限値を求めよ。

    (1) $\displaystyle\lim_{n\to\infty}\sum_{k=1}^{2n}\dfrac{1}{2n+k}$ (2) $\displaystyle\lim_{n\to\infty}\dfrac{1}{n}\sum_{k=n}^{2n}\dfrac{n+1}{n+k}$

不等式の証明（シュワルツの不等式）

例題 39

不等式 $\left\{\displaystyle\int_a^b f(x)g(x)dx\right\}^2 \leqq \left(\displaystyle\int_a^b \{f(x)\}^2 dx\right)\left(\displaystyle\int_a^b \{g(x)\}^2 dx\right)$ $(a<b)$

が成り立つことを利用して，$\displaystyle\int_0^{\frac{\pi}{2}} \sqrt{\cos x}\, dx \leqq \sqrt{\dfrac{\pi}{2}}$ を証明せよ。

指針　**不等式の証明**　不等式 $\left\{\displaystyle\int_a^b f(x)g(x)dx\right\}^2 \leqq \left(\displaystyle\int_a^b \{f(x)\}^2 dx\right)\left(\displaystyle\int_a^b \{g(x)\}^2 dx\right)$ は，シュワ

ルツの不等式とよばれる。等号が成り立つのは，$f(x)=0$ または $g(x)=0$ または

$g(x)=kf(x)$（k は定数）のときに限る。

解答　不等式 $\left\{\displaystyle\int_a^b f(x)g(x)dx\right\}^2 \leqq \left(\displaystyle\int_a^b \{f(x)\}^2 dx\right)\left(\displaystyle\int_a^b \{g(x)\}^2 dx\right)$ で $f(x)=1$, $g(x)=\sqrt{\cos x}$,

$a=0$, $b=\dfrac{\pi}{2}$ とすると

$$\left(\int_0^{\frac{\pi}{2}} \sqrt{\cos x}\, dx\right)^2 \leqq \left(\int_0^{\frac{\pi}{2}} dx\right)\left(\int_0^{\frac{\pi}{2}} \cos x\, dx\right) \quad \cdots\cdots ①$$

ここで　$\displaystyle\int_0^{\frac{\pi}{2}} dx = \dfrac{\pi}{2}$, 　$\displaystyle\int_0^{\frac{\pi}{2}} \cos x\, dx = \Big[\sin x\Big]_0^{\frac{\pi}{2}} = 1$

よって，① から　$\left(\displaystyle\int_0^{\frac{\pi}{2}} \sqrt{\cos x}\, dx\right)^2 \leqq \dfrac{\pi}{2}$

$\displaystyle\int_0^{\frac{\pi}{2}} \sqrt{\cos x}\, dx > 0$ であるから　$\displaystyle\int_0^{\frac{\pi}{2}} \sqrt{\cos x}\, dx \leqq \sqrt{\dfrac{\pi}{2}}$　**終**

▦▦▦ 発展 ▦▦▦

☐ **326** n は 0 以上の整数とする。$I_n = \displaystyle\int_0^1 x^n e^{2x}\, dx$ について，次の問いに答えよ。

(1) I_0 を求めよ。　　　　(2) $n \geqq 1$ のとき，I_n を n と I_{n-1} で表せ。

(3) I_4 を求めよ。　　　　(4) 定積分 $\displaystyle\int_0^{\frac{\pi}{2}} (\sin^5 x \cos x)e^{2\sin x}\, dx$ を求めよ。

☐ **327** $\displaystyle\int_0^a f(x)dx = \displaystyle\int_0^a f(a-x)dx$ であることを利用して，定積分

$\displaystyle\int_0^{\frac{\pi}{2}} \dfrac{\cos x}{\cos x + \sin x}\, dx$ を求めよ。

☐ **328** 定積分 $\displaystyle\int_0^1 \dfrac{1}{x^3+8}\, dx$ を求めよ。

☐ **329** $a<b$，$h(x)>0$ のとき，例題 39 のシュワルツの不等式を利用して，次の不

等式を証明せよ。(2) では $a>0$，$b>0$ とする。

(1) $(b-a)^2 \leqq \left\{\displaystyle\int_a^b h(x)dx\right\}\left\{\displaystyle\int_a^b \dfrac{dx}{h(x)}\right\}$　　　(2) $\left(\log\dfrac{b}{a}\right)^2 \leqq \dfrac{(b-a)^2}{ab}$

第5章
積分法

第6章 積分法の応用

35 面積

---

1 面積の公式 $a<b$, $c<d$ とする。

① 曲線 $y=f(x)$ と x 軸，および 2 直線 $x=a$, $x=b$ で囲まれた部分の面積 S

区間 $[a, b]$ で常に $f(x)\geqq0$ のとき $\quad S=\displaystyle\int_a^b f(x)dx$

区間 $[a, b]$ で常に $f(x)\leqq0$ のとき $\quad S=-\displaystyle\int_a^b f(x)dx$

② 2 曲線 $y=f(x)$, $y=g(x)$ と 2 直線 $x=a$, $x=b$ で囲まれた部分の面積 S

区間 $[a, b]$ で常に $f(x)\geqq g(x)$ のとき $\quad S=\displaystyle\int_a^b \{f(x)-g(x)\}dx$

③ 曲線 $x=g(y)$ と y 軸，および 2 直線 $y=c$, $y=d$ で囲まれた部分の面積 S

区間 $c\leqq y\leqq d$ で常に $g(y)\geqq0$ のとき $\quad S=\displaystyle\int_c^d g(y)dy$

④ 曲線が x, y の方程式で表される場合は，$y=f(x)$ $[x=g(y)]$ の形に変形。

注意 面積を求めるときは，グラフをかいて，曲線と座標軸，曲線と曲線の共有点や位置関係を明確にする。また，対称性を利用するとよい。

2 媒介変数表示の場合の面積 $a<b$ とする。

曲線 $x=f(t)$, $y=g(t)$ と x 軸，および 2 直線 $x=a$, $x=b$ で囲まれた部分の面積 S は，$a=f(\alpha)$, $b=f(\beta)$ とすると $\quad S=\displaystyle\int_a^b |y|dx=\int_\alpha^\beta |g(t)|f'(t)dt$

■■A■■

☐ **330** 次の曲線や直線および x 軸で囲まれた部分の面積を求めよ。

(1) $y=-\sqrt{x}$, $x=2$ 　　　　　　*(2) $y=\sin x$ $(\pi\leqq x\leqq2\pi)$

*(3) $y=\log(x-1)$, $x=e+1$ 　　　(4) $y=e^x$, $x=0$, $x=1$

☐ **331** 次の曲線や直線で囲まれた部分の面積を求めよ。

*(1) $y=\sqrt{x}$, $y=\dfrac{x}{2}$ 　　　　　　　　(2) $y=\dfrac{5}{x}$, $y=-x+6$

*(3) $y=\sin x$, $y=-\cos x$ $\left(-\dfrac{\pi}{4}\leqq x\leqq\dfrac{3}{4}\pi\right)$ 　(4) $y=e^x$, $y=e^{-x}$, $x=1$

☐ **332** 次の曲線や直線で囲まれた部分の面積を求めよ。

*(1) $y=\sqrt{x}$, $y=2$, $y=4$, y 軸 　　(2) $y=\log x$, $y=1$, $y=2$, y 軸

*(3) $x=2y-y^2$, y 軸 　　　　　　(4) $y^2=x-1$, $y=x-1$

☐ **■A の■ 333** 曲線 $y=x^2$ と直線 $y=2x+3$ で囲まれた部分の面積を次の方法で
まとめ 　　　求めよ。

(1) x について積分 　　　　(2) y について積分

曲線 $F(x, y)=0$ で囲まれた部分の面積

例題 40 曲線 $2x^2+2xy+y^2=1$ で囲まれた部分の面積 S を求めよ。

指針 x, y **の方程式で表される曲線と面積** 曲線の方程式 $F(x, y)=0$ を x または y について解き，曲線の概形や積分される関数を明らかにする。

解答 $2x^2+2xy+y^2=1$ から
$$y^2+2xy+2x^2-1=0$$
これを y について解くと
$$y=-x\pm\sqrt{x^2-(2x^2-1)}$$
$$=-x\pm\sqrt{1-x^2}$$
$1-x^2\geqq0$ から，曲線は $-1\leqq x\leqq1$ の範囲にある。
$f(x)=-x+\sqrt{1-x^2}$, $g(x)=-x-\sqrt{1-x^2}$ とすると，
定義域内で $f(x)\geqq g(x)$
よって $\displaystyle S=\int_{-1}^{1}\{f(x)-g(x)\}\,dx=2\int_{-1}^{1}\sqrt{1-x^2}\,dx$

$\displaystyle\int_{-1}^{1}\sqrt{1-x^2}\,dx$ は，半径 1 の半円の面積を表すから
$$S=2\cdot\frac{1}{2}\cdot\pi\cdot1^2=\pi \quad \boxed{\textbf{答}}$$

参考 $\displaystyle\int_{-1}^{1}\sqrt{1-x^2}\,dx$ は $x=\sin\theta$ とおいて置換積分法で求めることもできる。

B

☑ **334** 次の曲線や直線で囲まれた部分の面積を求めよ。

*(1) $y=\cos x$, $y=\cos 2x$ $(0\leqq x\leqq 2\pi)$

*(2) $y=xe^{1-x}$, $y=x$

(3) $y=\dfrac{1}{x\log x}$, $y=0$, $x=\sqrt{e}$, $x=e$

(4) $y=(x-e)\log x$, $y=0$

☑ **335** 次の楕円によって囲まれた部分の面積を求めよ。

(1) $2x^2+3y^2=6$ 　　　　　　　*(2) $3x^2+4y^2=1$

☑ **336** 次の曲線や直線で囲まれた部分の面積を求めよ。

*(1) $x^2=y^3$, $y=1$ 　　　　　(2) $y^2=x^2(4-x^2)$

*(3) $|y+1|=x|x-3|$

☑ **337** 次の曲線で囲まれた部分の面積を求めよ。

*(1) $5x^2+2xy+y^2=16$ 　　　　(2) $2x^2-2xy+y^2-4x+2y=0$

媒介変数で表された曲線と面積

例題 41

曲線 $x=\cos^4\theta$, $y=\sin^4\theta$ $\left(0\leqq\theta\leqq\dfrac{\pi}{2}\right)$ と x 軸および y 軸で囲まれた部分の面積 S を求めよ。

指針 **媒介変数と面積** $p.74$ **2** を参照。まず，曲線の概形をつかむ。

解答

$$\frac{dx}{d\theta}=4\cos^3\theta(-\sin\theta)=-4\sin\theta\cos^3\theta, \quad \frac{dy}{d\theta}=4\sin^3\theta\cos\theta$$

よって $\dfrac{dy}{dx}=\dfrac{4\sin^3\theta\cos\theta}{-4\sin\theta\cos^3\theta}=-\dfrac{\sin^2\theta}{\cos^2\theta}$

$0<\theta<\dfrac{\pi}{2}$ で $\dfrac{dy}{dx}<0$ であるから，y は単調に

減少する。

また，$\theta=0$ のとき $x=1$, $y=0$

$\theta=\dfrac{\pi}{2}$ のとき $x=0$, $y=1$

ゆえに，この曲線の概形は右の図のようになる。
したがって

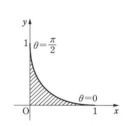

$$S=\int_0^1 y\,dx=\int_{\frac{\pi}{2}}^0 \sin^4\theta(-4\sin\theta\cos^3\theta)d\theta$$

$$=-4\int_{\frac{\pi}{2}}^0 \sin^5\theta\cos^3\theta\,d\theta$$

$$=4\int_0^{\frac{\pi}{2}} \sin^5\theta(1-\sin^2\theta)\cos\theta\,d\theta$$

$$=4\int_0^{\frac{\pi}{2}} (\sin^5\theta-\sin^7\theta)(\sin\theta)'\,d\theta=4\left[\frac{\sin^6\theta}{6}-\frac{\sin^8\theta}{8}\right]_0^{\frac{\pi}{2}}=\frac{1}{6} \quad \text{答}$$

x	$0 \longrightarrow 1$
θ	$\dfrac{\pi}{2} \longrightarrow 0$

B

☐ **338** 次の曲線や直線で囲まれた部分の面積を求めよ。

  *(1) 放物線 $x=2t$, $y=2t-t^2$; x 軸

  (2) 楕円 $x=3\cos\theta$, $y=4\sin\theta$

☐ **339** 次の曲線と x 軸で囲まれた部分の面積を求めよ。

  (1) $x=\sin t$, $y=\cos 2t$ $\left(-\dfrac{\pi}{2}\leqq t\leqq\dfrac{\pi}{2}\right)$

  *(2) $x=2t-\sin t$, $y=1-\cos t$ $(0\leqq t\leqq 2\pi)$

☐ ***340** 曲線 $x=\cos^3\theta$, $y=\sin^3\theta$ で囲まれた部分の面積を求めよ。

☐ **341** 曲線 $C:y=xe^{-x}$ について

  (1) 曲線 C の変曲点における接線の方程式を求めよ。

  (2) 曲線 C，(1)で求めた接線，y 軸で囲まれた部分の面積を求めよ。

▪️ 面積の等分

例題 **42**

$k>0$ とする。曲線 $y=\sin 2x$ $\left(0\leqq x\leqq\dfrac{\pi}{2}\right)$ と x 軸で囲まれた部分の面積 S を，曲線 $y=k\sin x$ が 2 等分するように定数 k の値を定めよ。

指針　**面積の等分**　2 つの部分の面積 S_1 と S_2 を計算して $S_1=S_2$ または $S=2S_1$

解答

$0\leqq x\leqq\dfrac{\pi}{2}$ において，2 曲線 $y=\sin 2x$，$y=k\sin x$
で囲まれた部分の面積を S_1，2 曲線の原点以外の共有点の x 座標を α とおく。

$\sin 2\alpha=k\sin\alpha$ から　　$2\sin\alpha\cos\alpha=k\sin\alpha$

$\sin\alpha>0$ であるから　　$2\cos\alpha=k$

ここで，$0<\alpha<\dfrac{\pi}{2}$ であるから　　$0<\dfrac{k}{2}<1$

すなわち　　$0<k<2$ …… ①

$0\leqq x\leqq\alpha$ では $\sin 2x\geqq k\sin x$ であるから

$$S_1=\int_0^\alpha(\sin 2x-k\sin x)dx=\left[-\frac{\cos 2x}{2}+k\cos x\right]_0^\alpha$$

$$=-\frac{\cos 2\alpha-1}{2}+k(\cos\alpha-1)=-\frac{(2\cos^2\alpha-1)-1}{2}+k\cos\alpha-k$$

$$=\frac{k^2}{4}-k+1 \quad\left(\cos\alpha=\frac{k}{2}\ \text{から}\right)$$

一方　　$S=\displaystyle\int_0^{\frac{\pi}{2}}\sin 2x\,dx=\left[-\frac{\cos 2x}{2}\right]_0^{\frac{\pi}{2}}=1$

条件より，$2S_1=S$ であるから　　$2\left(\dfrac{k^2}{4}-k+1\right)=1$

よって　　$k^2-4k+2=0$　　　① から　　**$k=2-\sqrt{2}$** 　**答**

第6章　積分法の応用

▰▰▰ **B** ▰▰▰

☑***342**　曲線 $y=e^x$ と，原点からこの曲線に引いた接線，および y 軸で囲まれた部分の面積を求めよ。

☑ **343**　2 曲線 $y=ax^2$ と $y=\log x$ が，ある点で共通の接線をもつ。
　　(1)　定数 a の値と接点の座標を求めよ。
　　(2)　この 2 つの曲線と x 軸で囲まれた部分の面積を求めよ。

☑***344**　2 曲線 $y=x\sin x$，$y=k\sin x$ $(0\leqq x\leqq\pi)$ が囲む総面積が最小となるような定数 k $(0\leqq k\leqq\pi)$ の値と，そのときの総面積を求めよ。

☑***345**　点 $(1,\ 1)$ を通る直線と x 軸，y 軸で囲まれた三角形の面積が，曲線 $y=\sqrt{x}$ によって 2 等分されるとき，この直線の傾きを求めよ。

36　体積

> **1 体積の公式**
>
> $a<b,\ c<d$ とする。
>
> ① $a\leqq x\leqq b$ において，x 軸に垂直な平面で切ったときの断面積が $S(x)$ である立体
> の体積 V　　　$V=\displaystyle\int_a^b S(x)dx$
>
> ② 曲線 $y=f(x)$ と x 軸および2直線 $x=a$，$x=b$ で囲まれた部分を，x 軸の周り
> に1回転させてできる立体の体積 V　　　$V=\pi\displaystyle\int_a^b \{f(x)\}^2dx=\pi\int_a^b y^2dx$
>
> ③ 曲線 $x=g(y)$ と y 軸および2直線 $y=c$，$y=d$ で囲まれた部分を，y 軸の周り
> に1回転させてできる立体の体積 V　　　$V=\pi\displaystyle\int_c^d \{g(y)\}^2dy=\pi\int_c^d x^2dy$

■A■

☑ **346** 底から x cm の高さにある平面での切り口が，半径 $\sqrt[3]{x}$ cm の円となる容器
　　　がある。深さが 8 cm のとき，この容器の容積 V を求めよ。

☑ **347** 次の曲線と直線で囲まれた部分を，x 軸の周りに1回転させてできる立体の
　　　体積を求めよ。

　　　*(1)　$y=x^2-9$，$y=0$　　　　　　(2)　$y=x(x^2-1)$，$y=0$

　　　*(3)　$y=2\sqrt{x-1}$，$x=2$，$y=0$　　(4)　$y=\cos x\ \left(-\dfrac{\pi}{2}\leqq x\leqq\dfrac{\pi}{2}\right)$，$y=0$

☑ **348** 次の曲線で囲まれた部分を，x 軸の周りに1回転させてできる立体の体積を
　　　求めよ。

　　　*(1)　$9x^2+4y^2=36$　　　　　　　(2)　$y^2=x$，$x=1$

☑ **349** 次の曲線や直線で囲まれた部分を，y 軸の周りに1回転させてできる立体の
　　　体積を求めよ。

　　　*(1)　$y=3-x^2$，$y=0$　　　　　　*(2)　$9x^2+4y^2=36$

　　　(3)　$y=\sqrt{x}$，$x=0$，$y=1$　　　(4)　$y=\log(x+2)$，$x=0$，$y=0$

☑ ■Aの■
　　まとめ **350** 次の曲線や直線で囲まれた部分を，x 軸，y 軸の周りに1回転さ
　　　せてできる立体の体積をそれぞれ求めよ。

　　　(1)　$y=x^2-1$，x 軸　　　　　　(2)　$y=\sqrt{x+4}$，x 軸，y 軸

　　　(3)　$x^2+y^2=9$

■■ 立体の体積

例題 43

円 $x^2+y^2=4$ の直径 AB 上に，点 P をとる。P を通り AB に垂直な弦 QR が対角線となる正方形 QSRT を，AB に対して垂直に作る。P が A から B まで移動するとき，この正方形が通過してできる立体の体積 V を求めよ。

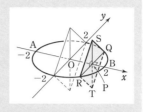

指針 **立体の体積** 内容を正確に把握して，点Pにおける断面積を求める。

解答 点Pの座標を $(x, 0)$ とすると，QR を対角線とする正方形の面積 $S(x)$ は
$$S(x)=2PQ^2=2y^2$$
ここで，$x^2+y^2=4$ から $y^2=4-x^2$
したがって $S(x)=2(4-x^2)=8-2x^2$
よって，求める体積 V は
$$V=\int_{-2}^{2}S(x)dx=\int_{-2}^{2}(8-2x^2)dx=2\Big[8x-\frac{2}{3}x^3\Big]_{0}^{2}=\frac{64}{3} \quad 答$$

 B

☑ **351** 座標平面上の 2 点 P$(x, 0)$，Q$(x, \sin x)$ を結ぶ線分を 1 辺とし，この平面に垂直な正方形を作る。P が原点O から C$(\pi, 0)$ まで動くとき，この正方形が通過してできる立体の体積 V を求めよ。

☑***352** 半径 5 の円Oの直径 AB 上に，点Pをとる。P を通り AB に垂直な弦 QR が底辺で，高さが 5 である二等辺三角形を，円Oの面に対して垂直に作る。P が A から B まで移動するとき，この三角形が通過してできる立体の体積を求めよ。

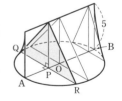

☑***353** 水を満たした半径 r の半球形の容器がある。これを静かに 45° 傾けるとき，残る水の体積を求めよ。

☑ **354** 底面の半径が 10 で高さも 10 の直円柱がある。この底面の直径 AB を含み底面と 30° の傾きをなす平面で，直円柱を 2 つの立体に分けるとき，小さい方の立体の体積を求めよ。

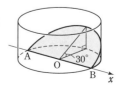

回転体の体積（回転軸の両側）

例題 44　曲線 $y=-x^2+3$ と直線 $y=-2x$ で囲まれた部分Aを，x軸の周りに1回転させてできる立体の体積Vを求めよ。

指針　**回転軸の両側にある図形の回転**　回転軸の一方の側に図形を集める。

解答　$-x^2+3=-2x$ を解くと　$x=-1,\ 3$

2曲線で囲まれた部分Aは右の図の網かけ部分のようになる。

Aのうち，x軸より下側の部分の回転体は，x軸の上側の斜線部分の回転体と同じである。

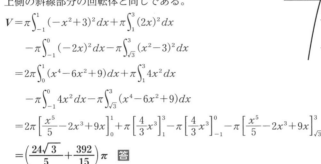

$$V=\pi\int_{-1}^{1}(-x^2+3)^2dx+\pi\int_{1}^{3}(2x)^2dx$$
$$\quad-\pi\int_{-1}^{0}(-2x)^2dx-\pi\int_{\sqrt{3}}^{3}(x^2-3)^2dx$$
$$=2\pi\int_{0}^{1}(x^4-6x^2+9)dx+\pi\int_{1}^{3}4x^2dx$$
$$\quad-\pi\int_{-1}^{0}4x^2dx-\pi\int_{\sqrt{3}}^{3}(x^4-6x^2+9)dx$$
$$=2\pi\left[\frac{x^5}{5}-2x^3+9x\right]_{0}^{1}+\pi\left[\frac{4}{3}x^3\right]_{1}^{3}-\pi\left[\frac{4}{3}x^3\right]_{-1}^{0}-\pi\left[\frac{x^5}{5}-2x^3+9x\right]_{\sqrt{3}}^{3}$$
$$=\left(\frac{24\sqrt{3}}{5}+\frac{392}{15}\right)\pi\quad \text{答}$$

355 次の曲線や直線で囲まれた部分を，x軸の周りに1回転させてできる立体の体積を求めよ。

*(1)　$y=5-x^2,\ y=x+3$ 　　　　　(2)　$y=-x^2+5x,\ y=x^2+2$

*356 曲線 $y=-x^2+2x+2$ と x軸 $(x\geqq0)$ と y軸で囲まれた部分を，y軸の周りに1回転させてできる立体の体積を求めよ。

*357 円 $x^2+(y-3)^2=9$ を，x軸の周りに1回転させてできる立体の体積を求めよ。

*358 曲線 $y=6-x^2$ と直線 $y=2$ で囲まれた部分を，[1] x軸，[2] 直線 $y=2$ の周りに1回転させてできる立体の体積をそれぞれ求めよ。

359 次の曲線や直線で囲まれた部分を，x軸の周りに1回転させてできる立体の体積を求めよ。

*(1)　$y=-x^2+2,\ y=-x$ 　　　　　(2)　$y=\sin x,\ y=\sin 2x\ \left(\frac{\pi}{3}\leqq x\leqq\pi\right)$

■ 媒介変数で表された曲線と体積

例題 45

曲線 $x=\cos^3\theta$, $y=\cos^2\theta\sin\theta$ $\left(0\leqq\theta\leqq\dfrac{\pi}{2}\right)$ と x 軸で囲まれた部分を, x 軸の周りに1回転させてできる立体の体積 V を求めよ。

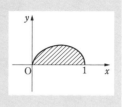

指針 **媒介変数と体積** 置換積分の要領で計算する。

解答 $y=0$ とすると $\cos^2\theta\sin\theta=0$

よって $\theta=0,\ \dfrac{\pi}{2}$

$\theta=0$ のとき $x=1$, $\theta=\dfrac{\pi}{2}$ のとき $x=0$

また, $0\leqq\theta\leqq\dfrac{\pi}{2}$ のとき $0\leqq x\leqq 1$, $y\geqq 0$

$dx=-3\cos^2\theta\sin\theta\,d\theta$ であるから

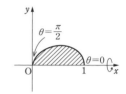

$$V=\pi\int_0^1 y^2\,dx=\pi\int_{\frac{\pi}{2}}^0 \cos^4\theta\sin^2\theta(-3\cos^2\theta\sin\theta)\,d\theta$$

$$=3\pi\int_0^{\frac{\pi}{2}}\cos^6\theta\sin^3\theta\,d\theta=3\pi\int_0^{\frac{\pi}{2}}\cos^6\theta(1-\cos^2\theta)\sin\theta\,d\theta$$

$$=-3\pi\int_0^{\frac{\pi}{2}}(\cos^6\theta-\cos^8\theta)(\cos\theta)'\,d\theta$$

$$=-3\pi\left[\frac{\cos^7\theta}{7}-\frac{\cos^9\theta}{9}\right]_0^{\frac{\pi}{2}}=\frac{2}{21}\pi \quad \boxed{答}$$

x	$0 \longrightarrow 1$
θ	$\dfrac{\pi}{2} \longrightarrow 0$

□ **360** 次の曲線や直線で囲まれた部分を, x 軸の周りに1回転させてできる立体の体積を求めよ。

(1) $x=2\cos\theta$, $y=3\sin\theta$ $(0\leqq\theta\leqq 2\pi)$

*(2) $x=\theta-\sin\theta$, $y=1-\cos\theta$ $(0\leqq\theta\leqq 2\pi)$, $y=0$

□ **361** 曲線 $y=9-x^2$ $(-3\leqq x\leqq 3)$ と x 軸で囲まれた部分を, y 軸の周りに1回転させてできる立体の体積を, 曲線 $y=kx^2$ を y 軸の周りに1回転させてできる曲面で2等分したい。このとき, 定数 k の値を求めよ。

□ ***362** 曲線 $y^2=x$ と直線 $y=2ax$ で囲まれた図形がある。これを x 軸の周りに1回転させてできる立体と, y 軸の周りに1回転させてできる立体が等しい体積であるように, 定数 a の値を定めよ。

37　曲線の長さ，速度と道のり

1　曲線の長さ

① 曲線 $x=f(t)$，$y=g(t)$ $(\alpha \leq t \leq \beta)$ の長さ L は

$$L=\int_{\alpha}^{\beta}\sqrt{\left(\frac{dx}{dt}\right)^2+\left(\frac{dy}{dt}\right)^2}\,dt=\int_{\alpha}^{\beta}\sqrt{\{f'(t)\}^2+\{g'(t)\}^2}\,dt$$

② 曲線 $y=f(x)$ $(a \leq x \leq b)$ の長さ L は

$$L=\int_{a}^{b}\sqrt{1+\left(\frac{dy}{dx}\right)^2}\,dx=\int_{a}^{b}\sqrt{1+\{f'(x)\}^2}\,dx$$

2　速度と道のり

① **数直線上の道のり**　数直線上を運動する点Pの速度を $v=f(t)$ とし，$t=a$ のときのPの座標を k とする。

[1]　$t=b$ におけるPの座標 x は　$x=k+\int_{a}^{b}f(t)dt$

[2]　$t=a$ から $t=b$ までのPの位置の変化量 s は　$s=\int_{a}^{b}f(t)dt$

[3]　$t=a$ から $t=b$ までのPの道のり l は　$l=\int_{a}^{b}|f(t)|dt$

② **平面上の道のり**　座標平面上を運動する点Pの時刻 t における座標を $(x,\ y)$，速度を $\vec{v}$ とすると，$t=\alpha$ から $t=\beta$ までの道のり l は

$$l=\int_{\alpha}^{\beta}|\vec{v}|\,dt=\int_{\alpha}^{\beta}\sqrt{\left(\frac{dx}{dt}\right)^2+\left(\frac{dy}{dt}\right)^2}\,dt$$

■■■ A ■■■

■次の曲線の長さを求めよ。ただし，t，θ は媒介変数である。[**363**，**364**]

☑***363**　(1)　$x=3t^2$，$y=3t-t^3$ $(0 \leq t \leq 2)$　　(2)　$x=e^{\theta}\cos\theta$，$y=e^{\theta}\sin\theta$ $(0 \leq \theta \leq \pi)$

☑ **364**　(1)　$y=x\sqrt{x}$　$(0 \leq x \leq 1)$　　　　*(2)　$y=\dfrac{1}{2}(e^x+e^{-x})$　$(0 \leq x \leq \log 2)$

☑ **365**　直線上を運動する点Pの，時刻 t における速度 v が $t^2-2\sqrt{t}$ であるとする。$t=0$ から $t=4$ までに，Pの位置はどれだけ変化するか。また，道のり l を求めよ。

☑***366**　平面上を運動する点Pの座標 $(x,\ y)$ が，時刻 t の関数として $x=t-\sin t$，$y=1-\cos t$ で表されるとき，$t=0$ から $t=\pi$ までの間に点Pが動く道のりを求めよ。

☑ ■■Aの■■　**367**　(1)　曲線 $x=t^3$，$y=t^2$ $(0 \leq t \leq 1)$ の長さを求めよ。
まとめ　　　　　　(2)　直線上を運動する点Pの，時刻 t における速度が t^2-t であるとする。$t=0$ から $t=3$ までの間に点Pが動く道のりを求めよ。

■ 数直線上の点の運動

例題 46

数直線において，原点から初速度 4 で出発して，t 秒後の加速度 $\alpha(t)$ が $\alpha(t)=-4\sin 2t-2\sin t$ で与えられる運動をする点 P がある。
(1) t 秒後の点 P の速度 $v(t)$ と，座標 $x(t)$ を求めよ。
(2) 出発してから π 秒後までに点 P が動く道のり l を求めよ。

指針 **数直線上の点の運動** 位置 $\underset{積分}{\overset{微分}{\rightleftarrows}}$ 速度 $\underset{積分}{\overset{微分}{\rightleftarrows}}$ 加速度 の関係を用いる。

解答
(1) $v(t)=\displaystyle\int\alpha(t)dt=\int(-4\sin 2t-2\sin t)dt=2\cos 2t+2\cos t+C_1$ (C_1 は積分定数)

$v(0)=C_1+4=4$ より $C_1=0$ であるから　$\boldsymbol{v(t)=2\cos 2t+2\cos t}$ **答**

よって　$x(t)=\displaystyle\int v(t)dt=\int(2\cos 2t+2\cos t)dt$

$\qquad\qquad =\sin 2t+2\sin t+C_2$ (C_2 は積分定数)

$x(0)=C_2=0$ であるから　$\boldsymbol{x(t)=\sin 2t+2\sin t}$ **答**

(2) まず，$0\leq t\leq\pi$ において $v(t)=0$ となる t を求める。

$2\cos 2t+2\cos t=0$ から　$2\cos^2 t+\cos t-1=0$

$(2\cos t-1)(\cos t+1)=0$ から　$\cos t=\dfrac{1}{2},\ -1$　　　ゆえに　　$t=\dfrac{\pi}{3},\ \pi$

よって　$l=\displaystyle\int_0^\pi|v(t)|dt=\int_0^{\frac{\pi}{3}}v(t)dt-\int_{\frac{\pi}{3}}^\pi v(t)dt$

$\qquad =\Big[\sin 2t+2\sin t\Big]_0^{\frac{\pi}{3}}-\Big[\sin 2t+2\sin t\Big]_{\frac{\pi}{3}}^\pi=2\sqrt{3}$ **答**

☐ **368** 曲線 $y=\log(\cos x)\ \Big(0\leq x\leq\dfrac{\pi}{3}\Big)$ の長さを求めよ。

☐ **369** 曲線 $x=\theta\cos\theta,\ y=\theta\sin\theta\ (0\leq\theta\leq 2\pi)$ の長さは，曲線 $y=\dfrac{1}{2}x^2\ (0\leq x\leq 2\pi)$ の長さに等しいことを示せ。

☐ *370 数直線において，原点から初速度 2 で出発して，t 秒後の加速度 $\alpha(t)$ が $\alpha(t)=\sin t(1+4\cos t)$ で与えられる運動をする点 P がある。
(1) t 秒後の点 P の速度 $v(t)$ と，座標 $x(t)$ を求めよ。
(2) 出発してから π 秒後までに点 P が動く道のりを求めよ。

☐ **371** 平面上を運動する点 P の座標 $(x,\ y)$ が，時刻 t の関数として $x=\cos 2t$，$y=4\sin t$ で表されている。点 P が $t=0$ から $t=\pi$ まで動くとき，次のものを a で表せ。ただし $\displaystyle\int_0^1\sqrt{1+x^2}\,dx=a$ とする。
(1) 点 P が動く道のり　　(2) 点 P が動いてできる曲線の弧の長さ

第6章 積分法の応用

38 第6章 演習問題

■■ 面積と無限級数

例題 47

曲線 $y=e^{-x}\sin x$ $(x\geqq0)$ と x 軸で囲まれた図形で，x 軸の上側にある部分の面積を y 軸に近い方から順に S_0，S_1，……，S_n，…… とするとき，無限級数 $\displaystyle\sum_{n=0}^{\infty}S_n$ の和を求めよ。

■指針■ **図形の面積** まず曲線の概形をかく。

曲線 $y=e^{-x}\sin x$ $(x\geqq0)$ の概形は，右の図のようになる。そして

$$S_0=\int_0^{\pi}ydx,\ \ S_1=\int_{2\pi}^{3\pi}ydx,\ \ \cdots\cdots$$

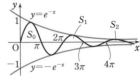

■解答■ 曲線 $y=e^{-x}\sin x$ $(x\geqq0)$ と x 軸との交点の x 座標は，$e^{-x}\sin x=0$ から

$$\sin x=0 \qquad これを解いて \qquad x=n\pi\ (n=0,\ 1,\ 2,\ \cdots\cdots)$$

また $$\int e^{-x}\sin xdx=-e^{-x}\cos x-\int e^{-x}\cos xdx \qquad ←部分積分$$

$$=-e^{-x}\cos x-\left(e^{-x}\sin x+\int e^{-x}\sin xdx\right)$$

よって $$\int e^{-x}\sin xdx=-\frac{1}{2}e^{-x}(\cos x+\sin x)+C\ (Cは積分定数)$$

ゆえに $$S_n=\int_{2n\pi}^{(2n+1)\pi}e^{-x}\sin xdx=-\frac{1}{2}\Big[e^{-x}(\cos x+\sin x)\Big]_{2n\pi}^{(2n+1)\pi}$$

$$=\frac{1}{2}\{e^{-(2n+1)\pi}+e^{-2n\pi}\}=\frac{1}{2}(e^{-\pi}+1)(e^{-2\pi})^n$$

$|e^{-2\pi}|<1$ であるから，無限等比級数 $\displaystyle\sum_{n=0}^{\infty}S_n$ は収束し

$$\sum_{n=0}^{\infty}S_n=\frac{1}{2}(e^{-\pi}+1)\cdot\frac{1}{1-e^{-2\pi}}=\frac{e^{\pi}}{2(e^{\pi}-1)} \quad 答$$

□ **372** 2つの楕円 $x^2+3y^2=3$，$3x^2+y^2=3$ の周および内部の共通部分の面積を求めよ。

□ **373** 曲線 $C:x=1-t^4$，$y=t-t^3$ $(0\leqq t\leqq1)$ について
  (1) 曲線 C の概形をかけ。
  (2) 曲線 C と x 軸で囲まれた部分の面積 S を求めよ。
  (3) 点 $(x,\ y)$ が曲線 C 上を動くとき，$x+2y$ の最大値を求めよ。

□ **374** $x\geqq0$ において，曲線 $y=e^{-x}\sin x$ と x 軸で囲まれたすべての部分の面積の総和を求めよ。

空間図形の回転体

例題 48

空間内の2点 A(0, 2, 0)，B(1, 0, 3) を通る直線を x 軸の周りに1回転させてできる図形を M とする。図形 M と2つの平面 $x=0$ と $x=1$ で囲まれた立体の体積 V を求めよ。

指針 x**軸の周りの回転体** x 軸に垂直な平面で切った断面積を求める。

解答 直線 AB 上の点Cは，実数 s を用いて，$\overrightarrow{\mathrm{OC}}=\overrightarrow{\mathrm{OA}}+s\overrightarrow{\mathrm{AB}}$ と表される。

$$\overrightarrow{\mathrm{OC}}=(0,\ 2,\ 0)+s(1,\ -2,\ 3)=(s,\ 2-2s,\ 3s)$$

よって，x 座標が t である点Pの座標は $s=t$ として
$$(t,\ 2-2t,\ 3t)$$

図形 M を平面 $x=t$ で切ったときの断面は，中心が $(t,\ 0,\ 0)$，半径が $\sqrt{(2-2t)^2+(3t)^2}$ の円である。

ゆえに，その断面積を $S(t)$ とすると　$S(t)=\pi\{(2-2t)^2+(3t)^2\}$

よって　$V=\pi\displaystyle\int_0^1\{(2-2t)^2+(3t)^2\}\,dt=\pi\int_0^1(13t^2-8t+4)dt=\dfrac{13}{3}\pi$ **答**

▨▨▨ 発展 ▨▨▨

☑ **375** xyz 空間において，点 $(1,\ 0,\ 1)$ と点 $(1,\ 0,\ 2)$ を結ぶ線分を ℓ とし，ℓ を z 軸の周りに1回転させてできる図形を A とする。A を x 軸の周りに1回転させてできる立体の体積を求めよ。

☑ **376** 空間に円盤 $x^2+y^2\leqq1,\ z=1$ がある。これを x 軸の周りに1回転させてできる立体の体積 V を求めよ。

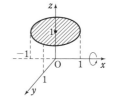

☑ **377** 直線 $y=x$ と曲線 $y=x^2-x$ で囲まれた部分を直線 $y=x$ の周りに1回転させてできる立体の体積 V を求めよ。

☑ **378** 区間 $a\leqq x\leqq b\ (0\leqq a<b)$ で $f(x)\geqq0$ とする。曲線 $y=f(x)$ と x 軸および2直線 $x=a,\ x=b$ で囲まれた部分を，y 軸の周りに1回転させてできる立体の体積 V は $V=2\pi\displaystyle\int_a^b xf(x)dx$ で表される。このことを利用して，次の図形を y 軸の周りに1回転させてできる立体の体積を求めよ。

(1) 曲線 $y=-x^2+6x$ と x 軸で囲まれた図形

(2) 曲線 $y=\sin x\ (0\leqq x\leqq\pi)$ と x 軸で囲まれた図形

第6章
積分法の応用

ヒント **375** 図形 A の平面 $x=t\ (-1\leqq t\leqq1)$ による切り口を考える。

39◆ 発展 微分方程式

＊＊＊86, 87 ページで扱っている内容は学習指導要領の範囲外の内容である。場合によっては省略
してもよい。

---

1 微分方程式とその解

① **微分方程式** 未知の関数の導関数を含む等式。

例 $\dfrac{dy}{dx}=x+1$, $\dfrac{dy}{dx}=y$

② **微分方程式の解** 与えられた微分方程式を満たす関数。

微分方程式の解は，いくつかの任意の定数を含む関数となる。

2 微分方程式の解法

① $\dfrac{dy}{dx}=f(x)$, $\dfrac{d^2y}{dx^2}=g(x)$ などの解は，両辺を積分して求める。

② $f(y)\dfrac{dy}{dx}=g(x)$ の解は，$\displaystyle\int f(y)dy=\int g(x)dx$ から求める。

③ x と y が混ざっているときは，分離して求める。

例 $\dfrac{dy}{dx}=x+xy \Rightarrow y \neq -1$ のとき $\dfrac{1}{1+y}\cdot\dfrac{dy}{dx}=x$

■■■■ 発展 ■■■■

☑ **379** A, B は定数とする。次の関数は，右に示した微分方程式を満たすことを示
せ。

(1) （関数） $y=Ax$ （微分方程式） $y=xy'$

(2) （関数） $y=Ae^x+Be^{-x}$ （微分方程式） $y''=y$

(3) （関数） $y=Ax+\dfrac{B}{x}$ （微分方程式） $x^2y''+xy'-y=0$

(4) （関数） $y=A\sin x+B\cos x$ （微分方程式） $y+y''=0$

☑ **380** 次の条件を満たす曲線を微分方程式で表せ。

(1) 曲線上の点 (x, y) の y 座標とその点における接線の傾きが常に等しい。

(2) 曲線上の各点における法線が，常に原点を通る。

(3) 曲線上の点Pにおける接線が x 軸，y 軸と交わる点をそれぞれ Q，R と
するとき，常にPが線分 QR の中点になっている。

(4) 曲線上の点Pにおける接線が x 軸，y 軸によって切りとられる部分の長
さが常に1である。

☑ **381** 直線上で，定点Oから遠ざかる点PがOから x m の距離にあるとき，
x^3 m/s の速度をもつとする。この関係を微分方程式で表せ。

■ 微分方程式の解法

例題 49

(1) 微分方程式 $\dfrac{dy}{dx}=x+xy$ を解け。

(2) (1)の関数のグラフが原点を通るとき，この関数を求めよ。

指針 **微分方程式の解法** x と y が混ざっているときは分離して $f(y)\dfrac{dy}{dx}=g(x)$

解答

(1) $\dfrac{dy}{dx}=x+xy$ から $\dfrac{dy}{dx}=x(1+y)$

[1] 定数関数 $y=-1$ は，もとの微分方程式を満たすから解である。

[2] $y\neq-1$ のとき，$\dfrac{1}{1+y}\cdot\dfrac{dy}{dx}=x$ から $\displaystyle\int\dfrac{1}{1+y}\cdot\dfrac{dy}{dx}dx=\int x\,dx$

左辺に置換積分法の公式を用いると $\displaystyle\int\dfrac{1}{1+y}dy=\int x\,dx$

よって $\log|1+y|=\dfrac{x^2}{2}+C$，$C$ は任意の定数

ゆえに $|1+y|=e^{c}e^{\frac{x^2}{2}}$ すなわち $y=\pm e^{c}e^{\frac{x^2}{2}}-1$

ここで，$\pm e^{c}=A$ とおくと，A は 0 以外の任意の値をとる。

したがって，解は $y=Ae^{\frac{x^2}{2}}-1$，ただし，$A\neq0$

[1] で求めた解 $y=-1$ は，[2] で求めた解 $y=Ae^{\frac{x^2}{2}}-1$ において，$A=0$ とおくと得られる。

よって，求める解は $\boldsymbol{y=Ae^{\frac{x^2}{2}}-1}$，**$A$ は任意の定数** 答

(2) $(x,\ y)=(0,\ 0)$ を(1)で求めた解に代入すると $0=A-1$

よって $A=1$ したがって，求める関数は $\boldsymbol{y=e^{\frac{x^2}{2}}-1}$ 答

■■■■ 発展 ■■■■

☑ **382** 次の微分方程式を解け。

(1) $\dfrac{dy}{dx}=x$ (2) $\dfrac{dy}{dx}=\cos x$ (3) $\dfrac{dy}{dx}=e^x$

(4) $xy'+1=y$ (5) $xy'+y=y'+1$

☑ **383** 次の微分方程式を，[ ] 内の初期条件のもとで解け。

(1) $y'=(2x-1)^3$ [$x=0$ のとき $y=1$]

(2) $(2-x)y'=1$ [$x=1$ のとき $y=0$]

☑ **384** 等式 $f(x)=x+\displaystyle\int_0^x f(t)dt$ を満たす連続関数 $f(x)$ を求めよ。

☑ **385** 曲線 $y=f(x)$ は原点Oを通り，O以外の曲線上の点 $\mathrm{P}(x,\ y)$ については，その点における接線の傾きが常に直線 OP の傾きの 2 倍である。また，この曲線は点 $\mathrm{A}(1,\ 2)$ を通る。この曲線の方程式を求めよ。

第6章 積分法の応用

総 合 問 題

ここでは，思考力・判断力・表現力の育成に特に役立つ問題をまとめて掲載しました。

☑ **1** 逆関数をもつ関数 $y=f(x)$ のグラフと $y=f^{-1}(x)$ のグラフが共有点をもつとき，その共有点について，Aさんは次の予想を立てた。

予想 共有点はすべて直線 $y=x$ 上にある。

しかし，この予想を立てた後，Aさんはこの予想が誤りであることに気付いた。

(1) この予想の反例として適切なものを次の ①〜④ の中から1つ選べ。

    ① $y=2x$ ② $y=\sqrt{x}$ ③ $y=x+1$ ④ $y=-x$

次に，Aさんはこの予想の反例で，$y=f(x)$ のグラフと $y=f^{-1}(x)$ のグラフが一致しないようなものを求めようと，次のように考えた。

・関数 $f(x)=\log_a x+b$ $(a>0,\ a\neq1)$ を考える。

・$y=f(x)$ のグラフと $y=f^{-1}(x)$ のグラフの共有点で，直線 $y=x$ 上にない点の1つを点 $(10,\ 1)$ とする。

(2) $a,\ b$ の値を求めよ。   (3) 逆関数 $f^{-1}(x)$ を求めよ。

☑ **2** Aさんは以下の問題に取り組んでいる。

問 r を $r>1$ を満たす実数とするとき，$\displaystyle\sum_{n=1}^{\infty}\frac{n}{r^n}$ が収束することを示せ。

この問題に対して，Aさんは次のように考えた。

$r=1+h$ とおき，二項定理を用いると，$\underline{r^n>\dfrac{n(n-1)}{2}h^2\ (n\geqq2)}$ が示され
①

るから，$\underline{\lim_{n\to\infty}\dfrac{n}{r^n}=0}$ となる。$\underline{\lim_{n\to\infty}a_n=0}$ のとき $\displaystyle\sum_{n=1}^{\infty}a_n$ は収束するから，
    ②   ③

$\displaystyle\sum_{n=1}^{\infty}\frac{n}{r^n}$ は収束する。

(1) 下線部 ①〜③ の記述には，正しくないものが1つある。その番号を答えよ。

(2) 下線部 ①〜③ のうち，正しいものをそれぞれ証明せよ。

(3) $\displaystyle\sum_{n=1}^{\infty}\frac{n}{r^n}$ の値を求めよ。

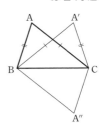

☑ **3** 次の命題（＊）を示したい。

（＊）　△ABC は鋭角三角形とする。このとき，各面すべてが △ABC と合同な四面体が存在する

右の図のように，点 A′ を △ABC と同じ平面上で，直線 BC に関して点Aと同じ側にあり，A′B＝AC，A′C＝AB を満たす点とする。更に，点 A′ を直線 BC に関して対称移動した点を A″ とする。

次に，△A′BC を直線 BC を軸に回転移動させることを考える。回転移動によって点 A′ が移る点をDとする。更に，点 A′ から直線 BC に下ろした垂線と BC の交点をHとし，∠A′HD＝θ とおく。このとき，連続関数 $f(\theta)=$ AD に対して，中間値の定理を利用して，上の命題（＊）を示せ。ただし，$f(\theta)$ が連続関数であることは示さなくてよい。

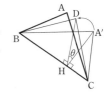

☑ **4** (1)　a, d を定数とし，$f(x)=\{a+(x-1)d\}e^x$ とする。$f^{(n)}(x)$ を推測して，その結果を数学的帰納法によって証明せよ。

(2)　関数 $g(x)$ は，すべての自然数 n に対して $g^{(n)}(x)$ が存在するとする。このとき，$g'(0)=2$ であり，すべての自然数 n に対して $g^{(n+1)}(0)=g^{(n)}(0)+3$ を満たす関数 $g(x)$ を１つ求めよ。

☑ **5** 太郎さんと花子さんが次の問題（＊）を考えている。

問題（＊） 次のゲーム A，B があり，どちらのゲームもすべて当たりが
出たらクリアとなる。

　　　ゲーム A：はずれる確率が $\dfrac{1}{10}$ のくじを 10 回引く

　　　ゲーム B：はずれる確率が $\dfrac{1}{100}$ のくじを 100 回引く

ゲーム A，B のどちらか 1 回だけ挑戦するとき，どちらの方
がクリアできる確率が大きいか。ただし，くじは当たりとはず
れの 2 種類しかなく，引いたくじは 1 回引くごとにもとに戻す
ものとする。

太郎さん：先生は，はずれる確率が $\dfrac{1}{n}$ のくじを n 回引くとき，はずれを引く

　　　　　回数の期待値は n によらず 1 だと言っていたね。

花子さん：いろいろと調べるために，まずは小さい n の値で考えてみよう。

(1) はずれる確率が $\dfrac{1}{n}$ のくじを n 回引いてすべて当たりが出る確率を $f(n)$

とする。$f(n)$ を n を用いて表せ。また，$f(2)$，$f(3)$，$f(4)$ をそれぞれ求め
よ。

太郎さん：$f(10)$ と $f(100)$ の大きさを比べればよいけど，値を直接計算して
　　　　　比べるのは難しそうだね。

花子さん：$f(n)$ の n を実数 x でおき換えて，定義域が $x \geqq 2$ である関数 $f(x)$
　　　　　とみて，$f(x)$ の増減を調べてみよう。

(2) 太郎さんが $f(x)$ の導関数 $f'(x)$ を求めたところ，$f'(x) = f(x)g(x)$ とい
う形になった。このとき，$g(x)$ を求めよ。

太郎さん：$x \geqq 2$ で常に $f(x) > 0$ であるから，$x \geqq 2$ で常に $g(x) > 0$ であるこ
　　　　　とがいえれば $f'(x) > 0$ がいえるね。

花子さん：$f'(x) > 0$ がいえれば，$f(x)$ が増加するといえるね。

(3) $x \geqq 2$ において，$g(x) > 0$ であることを示し，問題（＊）に答えよ。

太郎さん：問題が解決してよかったね。でも，$f(n)$ の式って見覚えがあるな。

花子さん：確かにそうだね。極限をとるとあの公式の形が出てきそうだね。

(4) $\displaystyle \lim_{n \to \infty} f(n)$ を求めよ。

☐ **6** 定積分 $\displaystyle\int_0^{\frac{\pi}{2}} \cos^3 x \sin^2 x\, dx$ について，次の ①～③ の方法でそれぞれ計算せよ。

① $\sin x = t$ とおいて置換積分する。

② $\cos^3 x \sin^2 x = a\cos x + b\cos 3x + c\cos 5x$ が x についての恒等式となるような実数 a，b，c を求め，この恒等式を利用する。

③ 0 または正の整数 n に対して $\displaystyle I_n = \int_0^{\frac{\pi}{2}} \cos^n x\, dx$ とおき，$n \geq 2$ のとき，漸化式 $\displaystyle I_n = \frac{n-1}{n} I_{n-2}$ が成り立つことを証明し，この漸化式を利用する。

☐ **7** ある美術館では，半径 3 m の半球のオブジェを展示している。このオブジェは，右の断面図のように，水平な床におわんを伏せた形で置かれていて，オブジェの底面の中心から真上に 5 m 離れた点にある点光源で照らされている。このとき，点光源の光が当たらない陰の部分（ただし，オブジェの外部で，床より上）の体積 V を求めたい。

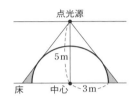

(1) オブジェの底面の中心から点光源までの高さが 1 m，半球の半径が a m（$a < 1$）となるモデルを考える。このときの陰の部分の体積 $V(a)$ を求めよ。

(2) 体積 V を求めよ。

☐ **8** 右の図のように，底面の半径が 4 である直円柱を水平面に対して 45° に立てかけて，直線 XY を軸に回転できるようにした装置がある。

直円柱は空洞であり，線分 AB を直径とする底面と合同な円で上下に仕切られていて，仕切られた上側の部分に水を入れていくことにする。

水面と直円柱の側面が接する点のうち，底面から最も離れている点を T とし，AT = 2 となったとき，直円柱は回転を始めた。

ただし，直線 AT は直円柱の底面と垂直であるとする。

直円柱が回転を始めたとき，入っていた水の量を求めよ。

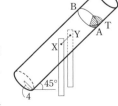

答と略解

1 (1) ［図］，定義域 $x \neq 0$，値域 $y \neq 0$

(2) ［図］，定義域 $x \neq 0$，値域 $y \neq 2$

(3) ［図］，定義域 $x \neq 1$，値域 $y \neq 0$

(4) ［図］，定義域 $x \neq -2$，値域 $y \neq 1$

(1)　　　　　　　(2)

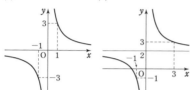

(3)　　　　　　　(4)

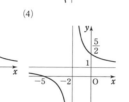

2 (2) y 軸方向に 2 だけ平行移動

(3) x 軸方向に 1 だけ平行移動

(4) x 軸方向に -2，y 軸方向に 1 だけ平行移動

3 (1) $y = \dfrac{1}{x-1} + 3$，

［図］

(2) 漸近線

$x = 1$，$y = 3$ ；

定義域 $x \neq 1$ ；

値域 $y \neq 3$

4 (1) ［図］；漸近線 $x = -2$，$y = 1$ ；

定義域 $x \neq -2$；値域 $y \neq 1$

(2) ［図］；漸近線 $x = 1$，$y = -1$ ；

定義域 $x \neq 1$；値域 $y \neq -1$

(3) ［図］；漸近線 $x = -\dfrac{1}{3}$，$y = 2$ ；

定義域 $x \neq -\dfrac{1}{3}$；値域 $y \neq 2$

$$\left[(1)\quad y = \frac{(x+2)-1}{x+2} = -\frac{1}{x+2} + 1\right]$$

(1)
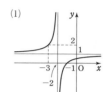

(2)　　　　　　　(3)

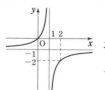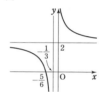

5 (1) $(-2, -1)$，$(1, 2)$

(2) $(-2, 7)$，$(4, 1)$

$\left[(1)\ \dfrac{2}{x} = x+1\ \text{の両辺に}\ x\ \text{を掛けて整理すると}\right.$

$x^2 + x - 2 = 0$

$(2)\ \dfrac{7}{x+3} = -x+5\ \text{の両辺に}\ x+3\ \text{を掛ける}\Big]$

(1) ［参考図］　　　(2) ［参考図］

6 (1) ［図］；

漸近線 $x = 3$，

$y = 2$ ；

定義域 $x \neq 3$ ；

値域 $y \neq 2$

(2) $(-4, -5)$，$(2, 1)$

(1)
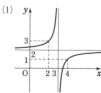

7 (1) $x=3$

(2) $x=-3,\ 1$

(3) $x=-1,\ 2$

(4) $x<1,\ 3<x$

(5) $x\leqq-3,\ -2<x\leqq1$

(6) $-2<x\leqq-1,\ 2\leqq x$

(1), (4) [参考図]

(2), (5) [参考図]　　(3), (6) [参考図]

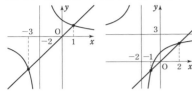

8 (1) $a=0,\ b=3,\ c=0$

(2) $a=-1,\ b=1,\ c=-2$

$\left[(2)\ y=\dfrac{k}{x-2}-1\ \text{に}\ x=1,\ y=0\ \text{を代入}\right]$

9 (1) $1<y\leqq2$

(2) $y\leqq2,\ 4\leqq y$

[グラフを利用するとよい]

10 $x\leqq\dfrac{1}{2}$

[グラフをかいて考える。

$\dfrac{2x-1}{x-3}=\dfrac{5}{x-3}+2$

$y=0$ のとき $x=\dfrac{1}{2}$,

直線 $y=2$ は漸近線である]

[参考図]

11 x 軸方向に -5, y 軸方向に -6 だけ平行移動する

$\left[\dfrac{5x-14}{x-3}=\dfrac{1}{x-3}+5,\quad \dfrac{-x-1}{x+2}=\dfrac{1}{x+2}-1\right.$

平行移動して漸近線が一致すればよいから，x 軸方向に p，y 軸方向に q だけ平行移動すると $3+p=-2,\ 5+q=-1$]

12 (1) [図]

(2) [図]，x 軸に関して対称

(3) [図]，y 軸に関して対称

(4) [図]，原点に関して対称

(1)　　　　　　(2)

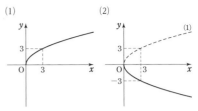

(3)　　　　　　(4)

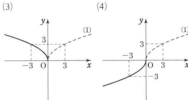

13 (1) x 軸方向に 4 だけ平行移動

(2) x 軸方向に 5 だけ平行移動

$[(2)\ y=\sqrt{-3(x-5)}\ ]$

14 (1) [図]，

定義域 $x\geqq2$，

値域 $y\geqq0$

(2) [図]，

定義域 $x\geqq-3$，

値域 $y\geqq0$

(3) [図]，

定義域 $x\leqq2$，

値域 $y\leqq0$

(1)

(2)　　　　　　(3)

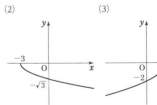

15 (1) $\sqrt{2}\leqq y\leqq\sqrt{6}$

(2) $-3<y\leqq-1$

16 (1) $(-2,\ 2)$

(2) $(-1,\ 2),\ (1,\ 4)$

(3) $(1,\ 2)$

[(1) $\sqrt{x+6}=-x$ の両辺を 2 乗して整理すると $x^2-x-6=0$　ゆえに $x=-2,\ 3$

このとき，$x=3$ は不適。

(2) $\sqrt{6x+10}=x+3$ の両辺を 2 乗して整理すると $x^2-1=0$　ゆえに $x=\pm1$

(3)　$\sqrt{4x}=x+1$ の両辺を2乗して整理すると　$x^2-2x+1=0$
ゆえに　$x=1$]

(1)　〔参考図〕

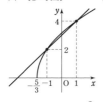

(2)　〔参考図〕

(3)　〔参考図〕

17　(1)　定義域 $x\geqq\dfrac{3}{2}$，値域 $y\geqq 0$，〔図〕

(2)　$\sqrt{3}\leqq y<3$

(1)

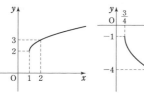

18　(1)　〔図〕，定義域 $x\geqq 1$，値域 $y\geqq 2$

(2)　〔図〕，定義域 $x\geqq\dfrac{3}{4}$，値域 $y\leqq -1$

$\left[(2)\ \ y=-\sqrt{4\left(x-\dfrac{3}{4}\right)}-1\right]$

(1)　　　　　　　　　(2)

19　(1)　$a=7$

(2)　$a=-8,\ b=49$

(3)　$a=2,\ b=4$

(4)　$a=3,\ b=-2\ ;\ a=-3,\ b=7$

[(1)　$2=\sqrt{-3+a}$

(2)　$5=\sqrt{3a+b},\ 3=\sqrt{5a+b}$

(3)　単調に増加するから
$x=a$ のとき $y=0$，
$x=b$ のとき $y=2$

(4)　$a>0$ のとき単調に増加するから
$x=1$ のとき $y=1$，
$x=2$ のとき $y=2$;

$a<0$ のとき単調に減少するから
$x=1$ のとき $y=2$，
$x=2$ のとき $y=1$]

20　(1)　$x=1$

(2)　$x=1,\ 4$

(3)　$x=0,\ 2$

(4)　$-8\leqq x<1$

(5)　$\dfrac{4}{5}\leqq x<1,\ 4<x$

(6)　$x\leqq 0,\ x=2$

(1), (4)　〔参考図〕

(2), (5)　〔参考図〕　　(3), (6)　〔参考図〕

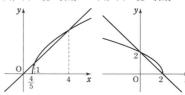

21　$k>3$ のとき 0 個；
$k=3,\ k<2$ のとき
1 個；
$2\leqq k<3$ のとき 2 個
[2つのグラフが接する条件は
$(\sqrt{4x+8})^2=(x+k)^2$
の判別式 $D=0$ から
$\dfrac{D}{4}=(k-2)^2-(k^2-8)=-4k+12=0$]

22　(1)　$y=\dfrac{1}{4}x-\dfrac{3}{2}$，
〔図：もとの関数を $f(x)$，逆関数を $f^{-1}(x)$ で表している。以下同じ〕

(2)　$y=\dfrac{1}{2}x+\dfrac{1}{2}\ (-3\leqq x\leqq 1)$，〔図〕

(3)　$y=\sqrt{x-1}$，〔図〕

(4)　$y=-\sqrt{x-1}$，〔図〕

(5)　$y=\dfrac{1}{2}x^2+\dfrac{3}{2}\ (x\leqq 0)$，〔図〕

(6)　$y=-\dfrac{1}{3}x^2+2\ (0\leqq x\leqq 3)$，〔図〕

(1) 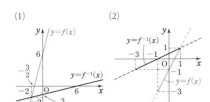 (2)

(3) 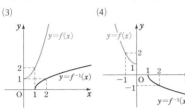 (4)

(5) 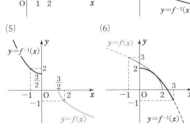 (6)

23 (1) $y=\dfrac{x+1}{x-2}$

(2) $y=-\dfrac{x}{x-1}$ $(0\leqq x<1)$

(3) $y=\log_5 x$

(4) $y=2^x+1$

[(2) もとの関数の定義域が $x\geqq 0$ であるから，もとの関数の値域はグラフより $0\leqq y<1$]

24 $p=2,\ q=-3$

[$1=2p+q,\ 5=4p+q$]

25 (1) $(g\circ f)(x)=x^2+6x+10$

(2) $(f\circ g)(x)=x^2+4$

(3) $(f\circ g)(x)=x+6$

(4) $(g\circ g)(x)=x^4+2x^2+2$

[注意] 一般に $(g\circ f)(x)$ と $(f\circ g)(x)$ は必ずしも一致しない]

26 (1) $(g\circ f)(x)=-3x+5$,

$(f\circ g)(x)=-3x+3$

(2) $(g\circ f)(x)=x,\ (f\circ g)(x)=x$

(3) $(g\circ f)(x)=|2x+3|,\ (f\circ g)(x)=2|x|+3$

(4) $(g\circ f)(x)=\cos(3x+2)$,

$(f\circ g)(x)=3\cos x+2$

(5) $(g\circ f)(x)=2x,\ (f\circ g)(x)=x^2$ $(x>0)$

(6) $(g\circ f)(x)=\dfrac{5}{7}x+\dfrac{6}{7}$ $(x\neq 3)$,

$(f\circ g)(x)=\dfrac{7}{5}x-\dfrac{4}{5}$ $(x\neq 2)$

27 $f^{-1}(x)=-\dfrac{1}{3}x+2$ $(x\geqq 0)$,

$g^{-1}(x)=\dfrac{1}{4}x^2$ $(x\geqq 0)$,

$(g\circ f)(x)=2\sqrt{-3x+6}$ $(x\leqq 2)$

28 (1) 定義域 $1\leqq x\leqq 3$, 値域 $25\leqq y\leqq 81$

(2) 定義域 $x\geqq -4$, 値域 $0<y\leqq 1$

29 $f^{-1}(x)=\dfrac{1}{2}x-\dfrac{3}{2},\ g^{-1}(x)=\dfrac{3x+1}{x-1}$;

$(f\circ f^{-1})(x)=x,\ (g\circ g^{-1})(x)=x\ (x\neq 1)$,

$(f\circ g)^{-1}(x)=\dfrac{3x-7}{x-5},\ (g^{-1}\circ f^{-1})(x)=\dfrac{3x-7}{x-5}$

[参考] 一般に $(f\circ f^{-1})(x)=x$,

$(f\circ g)^{-1}(x)=(g^{-1}\circ f^{-1})(x)$ が成り立つ]

30 $a=-\dfrac{1}{2},\ b=-\dfrac{3}{2},\ c=-4$

[例題 3 参照。$y=\dfrac{2x+a}{x+b}$ の逆関数は $y=\dfrac{bx-a}{-x+2}$

これが $y=\dfrac{3x-1}{2x+c}$ と一致する]

31 (1) $p=-1$ (2) $p=-2$

[逆関数は (1) $p\neq 0$ のとき $y=\dfrac{1}{p}x-\dfrac{3}{p}$

(2) $p\neq -\dfrac{3}{2}$ のとき $y=\dfrac{-px-3}{x-2}$]

32 $a=\dfrac{2}{3}$

[$21x+a+6=21x+7a+2$]

33 (1) 正しくない (2) 正しい (3) 正しい

[(1) 定数関数の逆関数は存在しない。

一般に，単調に増加または減少する関数に対して，逆関数が存在する。

(2) $y=f(x)$ の逆関数は $x=f(y)$

この逆関数は $y=f(x)$

(3) $y=f(x)$ とおくと $f^{-1}(y)=x$

よって $(f^{-1}\circ f)(x)=f^{-1}(f(x))=f^{-1}(y)=x$]

34 (1) $a=1,\ b=0$ または $a=-1,\ b$ は任意の実数

(2) $a=-3,\ b$ は -9 以外の任意の実数

[(1) $a=0$ のときは逆関数が存在しないから

$a\neq 0$ よって $f^{-1}(x)=\dfrac{1}{a}x-\dfrac{b}{a}$

[別解] $(f\circ f)(x)=x$ から $a^2x+b(a+1)=x$

よって $a^2=1$ かつ $b(a+1)=0$

(2) $\dfrac{(b+9)x+b(a+3)}{(a+3)x+a^2+b}=x\ \left(=\dfrac{Ax+0}{0\cdot x+A},\right.$

$A\neq0)$ から　$a+3=0$ かつ $a^2+b=b+9$ かつ

$b(a+3)=0$ かつ $b+9\neq0$]

35　$p(x)=\dfrac{1}{3}x^2+1$,　$q(x)=\dfrac{1}{9}x^2+\dfrac{4}{9}x+\dfrac{13}{9}$

[例題 4 参照]

36　$y=(g\circ f)(x)$：②，③

$y=(f\circ g)(x)$：①，④

37　(1)　$a<0$，$0<a<\dfrac{6-4\sqrt{2}}{3}$，$\dfrac{6+4\sqrt{2}}{3}<a$

のとき 2 個；

$a=0$，$\dfrac{6-4\sqrt{2}}{3}$，$\dfrac{6+4\sqrt{2}}{3}$ のとき 1 個；

$\dfrac{6-4\sqrt{2}}{3}<a<\dfrac{6+4\sqrt{2}}{3}$ のとき 0 個

(2)　$0<a<\dfrac{1}{5}$ のとき 2 個；

$-\dfrac{4}{5}\leqq a\leqq0$，$a=\dfrac{1}{5}$ のとき 1 個；

$a<-\dfrac{4}{5}$，$\dfrac{1}{5}<a$ のとき 0 個

$\left[(1)\ \dfrac{-2x-6}{x-3}=ax\ \text{の判別式を場合分け。}\right.$

(2)も同様。グラフも利用する]

38　(1)　$x=-3$

(2)　$-3<x<2$，$4<x$

[(1)　$x\neq0$，$x\neq3$，$(x-3)^2(x+3)=0$

(2)　$\dfrac{x-4}{(x-2)(x+3)}>0$

参考　両辺に $(x-2)^2(x+3)^2\ (>0)$ を掛けると

$(x+3)(x-2)(x-4)>0$

$y=(x+3)(x-2)(x-4)$ のグラフが x 軸より上

側にある x の値の範囲を求める]

39　(1)　$x\leqq0$，$1\leqq x\leqq\dfrac{9}{5}$

(2)　$-\sqrt{13}\leqq x<2$

[(1)　$x^2-x\geqq0$，$3-x\geqq0$，$x^2-x\leqq(3-x)^2$

参考　$y=\sqrt{x^2-x}$ のグラフを考えると，双曲線

$\left(x-\dfrac{1}{2}\right)^2-y^2=\dfrac{1}{4}$ が x 軸およびその上側にある

部分。

(2)　$\{x+1\geqq0$，$13-x^2>(x+1)^2\}$

または $\{x+1<0$，$13-x^2\geqq0\}$

参考　$y=\sqrt{13-x^2}$ のグラフを考えると，原点

を中心とする半径 $\sqrt{13}$ の円が x 軸およびその

上側にある部分]

40　(1)　$(3,\ 3)$

(2)　$(1,\ 4)$，$(4,\ 1)$，

$\left(\dfrac{-5+\sqrt{109}}{2},\ \dfrac{-5+\sqrt{109}}{2}\right)$

[定義域，値域から考える範囲を限定する。

共有点の座標は，もとの関数とその逆関数の定

義域，値域の共通部分にある。

(1)　$x\geqq0$，$y\geqq0$ において $y^2=x+6$ …… ①，

$x^2=y+6$ …… ② を解く。

①－② から　$(y-x)(y+x+1)=0$

(2)　$0\leqq x\leqq\dfrac{21}{5}$，$0\leqq y\leqq\dfrac{21}{5}$ において

$y^2=21-5x$ …… ③，$x^2=21-5y$ …… ④

③－④ から　$(y-x)(y+x-5)=0$]

41　(1)　正の無限大に発散

(2)　負の無限大に発散

(3)　0 に収束

(4)　3 に収束

42　(1)　振動して，極限はない

(2)　振動して，極限はない

(3)　振動して，極限はない

(4)　0 に収束

43　(1)　正の無限大に発散

(2)　振動して，極限はない

(3)　0 に収束

(4)　0 に収束

44　(1)　正の無限大に発散

(2)　正の無限大に発散

(3)　0 に収束

(4)　振動して，極限はない

45　(1)　8　(2)　-16　(3)　$-\dfrac{1}{2}$　(4)　$-\dfrac{7}{5}$

46　(1)　3　(2)　$\dfrac{1}{2}$　(3)　$\dfrac{3}{2}$

(4)　∞　(5)　0　(6)　$\dfrac{2}{5}$

$\left[(1)\ \dfrac{3+\dfrac{1}{n}}{1}\quad (4)\ \dfrac{n-2}{1+\dfrac{1}{n}}\quad (5)\ \dfrac{\dfrac{2}{n^2}+\dfrac{1}{n^3}}{\dfrac{3}{n}+1}\right]$

47　(1)　∞　(2)　$-\infty$　(3)　∞

$\left[(1)\ n^2\left(3-\dfrac{2}{n}\right)\quad (2)\ n^3\left(\dfrac{4}{n^2}-1\right)\right]$

48　(1)　∞　(2)　0　(3)　1

(4)　0　(5)　∞　(6)　0

$\left[(1)\ 2n+1\quad (2)\ \dfrac{-1}{n(n+1)}\quad (3)\ 1\right.$

(4) $\dfrac{1}{\sqrt{n+1}+\sqrt{n}}$　(5) $\dfrac{\sqrt{2n+3}+\sqrt{2n}}{3}$

(6) $\dfrac{-1}{n+\sqrt{n^2+1}}$]

49 (1) $\sqrt{2}$ (2) $\dfrac{1}{2}$ (3) 1

(4) ∞ (5) ∞ (6) $-\infty$

[(1) $\sqrt{\dfrac{2-\dfrac{1}{n}}{1+\dfrac{1}{n}}}$ (2) $\dfrac{\sqrt{4}}{\sqrt{1+\dfrac{1}{n}}+\sqrt{9}}$

(3) $\dfrac{2}{\sqrt{1-\dfrac{1}{n}}+1}$ (4) $n\left(1-\dfrac{1}{\sqrt{n}}\right)$

(5) $n^2\left(1-\sqrt{\dfrac{1}{n}}\right)$ (6) $n^2\left(\sqrt{\dfrac{1}{n^2}+\dfrac{1}{n^4}}-1\right)$]

50 (1) 0 (2) $-\dfrac{1}{2}$ (3) ∞

(4) $-\infty$ (5) 0 (6) 0

51 (1) 2 (2) 2 (3) -1

[分子, 分母の有理化。

(1) $\dfrac{4n}{\sqrt{n^2+3n}+\sqrt{n^2-n}}=\dfrac{4}{\sqrt{1+\dfrac{3}{n}}+\sqrt{1-\dfrac{1}{n}}}$

(2) $\dfrac{4n}{\sqrt{n^2+4n}+n}$ (3) $\dfrac{n+\sqrt{n^2+2n}}{-2n}$]

52 (1) $\dfrac{1}{3}$ (2) $\dfrac{5}{6}$ (3) 2 (4) $-\dfrac{1}{2}$

[(1) $\dfrac{1}{6}\cdot\dfrac{n(n+1)(2n+1)}{n^3}$

(2) $\dfrac{1}{n^3}\sum_{k=1}^{n}k(n+k)=\dfrac{1}{n^3}\left(n\sum_{k=1}^{n}k+\sum_{k=1}^{n}k^2\right)$

$=\dfrac{1}{n^3}\cdot\dfrac{1}{6}n(n+1)(5n+1)$

(3) $\sum_{k=1}^{n}(4k-1)=n(2n+1)$

$\sum_{k=1}^{n}(2k+1)=n(n+2)$

(4) $\dfrac{1}{n+2}\cdot\dfrac{n(n+1)}{2}-\dfrac{n}{2}$]

53 (1) $a_n=5+\dfrac{1}{n}$ (2) $a_n=(-1)^n\left(1+\dfrac{1}{n}\right)$

(答えは他にもある)

54 (1) 正しくない：$a_n=n+1$, $b_n=n$

(2) 正しくない：$a_n=n$, $b_n=\dfrac{1}{n}$

(3) 正しくない：

$a_n=n$, $b_n=n-\dfrac{1}{n}$, $c_n=n+\dfrac{1}{n}$

(4) 正しい

[(4) $b_n=a_n-(a_n-b_n)$ であり，数列 $\{a_n\}$,
$\{a_n-b_n\}$ はともに収束する]

55 1

[(与式)$=\lim_{n\to\infty}\dfrac{2a_n}{\sqrt{a_n{}^2+a_n+1}+\sqrt{a_n{}^2-a_n+1}}$

分母，分子を a_n (>0) で割る]

56 $\lim_{n\to\infty}a_n=0$, $\lim_{n\to\infty}b_n=1$, $\lim_{n\to\infty}c_n=\infty$

57 (1) 0 (2) 0 (3) 0

[(3) $0\leqq\dfrac{\cos^2 n\theta}{n^2+1}\leqq\dfrac{1}{n^2+1}$]

58 $\dfrac{2}{5}$

[$b_n=\dfrac{a_n+5}{2a_n+1}$ とおくと $\lim_{n\to\infty}b_n=3$

ゆえに $\lim_{n\to\infty}a_n=\lim_{n\to\infty}\dfrac{5-b_n}{2b_n-1}=\dfrac{5-3}{2\cdot3-1}$]

59 (1) 0 (2) -2

[(1) $\lim_{n\to\infty}a_n=\lim_{n\to\infty}\dfrac{1}{3n-1}\cdot(3n-1)a_n$

$=\lim_{n\to\infty}\dfrac{1}{3n-1}\cdot\lim_{n\to\infty}(3n-1)a_n=0\cdot(-6)$

(2) $\lim_{n\to\infty}na_n=\lim_{n\to\infty}\left\{\dfrac{n}{3n-1}\cdot(3n-1)a_n\right\}$

$=\dfrac{1}{3}\cdot(-6)$]

60 (1) 正の無限大に発散 (2) 0 に収束

(3) 0 に収束 (4) 振動して，極限はない

61 (1) 正の無限大に発散 (2) 0 に収束

(3) 正の無限大に発散 (4) 0 に収束

(5) 振動して，極限はない (6) 1 に収束

62 (1) ∞ (2) 0 (3) 1

(4) 振動 (5) $-\infty$ (6) ∞

[(2) 分母・分子を 5^n で割る。

(5) $8^n-9^n=9^n\left\{\left(\dfrac{8}{9}\right)^n-1\right\}$]

63 (1) (x の値の範囲) $-3<x\leqq-1$

(極限値) $-3<x<-1$ のとき 0,

$x=-1$ のとき 1

(2) (x の値の範囲) $-\dfrac{1}{2}<x\leqq\dfrac{1}{2}$

(極限値) $-\dfrac{1}{2}<x<\dfrac{1}{2}$ のとき 0,

$x=\dfrac{1}{2}$ のとき 1

64 (1) (ア) 2 (イ) $-\infty$ (2) $2<x\leqq4$

65 (1) $1-\sqrt{3}\leqq x<0$, $2<x\leqq1+\sqrt{3}$

(2) $-\dfrac{1}{3}<x\leqq1$

(3) $\dfrac{1}{10}<x\leqq10$

$\quad$[(1) $-1<x^2-2x-1\leqq1$

$\quad$(2) $-1<\dfrac{2x}{1+x}\leqq1$

$\quad$(3) $-1<\log_{10}x\leqq1$]

66 (1) 1 (2) $\dfrac{1}{2}$ (3) 0

67 $r\leqq-1$, $1<r$ のとき r；

$\quad|r|<1$ のとき -1；$r=1$ のとき 0

$\quad$[1] $r>1$ のとき $\lim\limits_{n\to\infty}r^{2n}=\infty$ であるから

$\quad$(与式)$=\lim\limits_{n\to\infty}\dfrac{r-\dfrac{1}{r^{2n}}}{1+\dfrac{1}{r^{2n}}}=r$

$\quad$[2] $r=1$ のとき $\lim\limits_{n\to\infty}r^{2n}=1$ であるから

$\quad$(与式)$=\dfrac{1-1}{1+1}=0$

$\quad$同様に $|r|<1$, $r=-1$, $r<-1$ を考える]

68 一般項，極限の順に

$\quad$(1) $a_n=\dfrac{2}{3}-\dfrac{2}{3}\left(-\dfrac{1}{2}\right)^{n-1}$, $\dfrac{2}{3}$

$\quad$(2) $a_n=\dfrac{2}{1-(-3)^n}$, 0

$\quad$(3) $a_n=3n-1$, ∞

$\quad$(4) $a_n=\dfrac{5}{2}-\dfrac{3}{2}\left(\dfrac{1}{3}\right)^{n-1}$, $\dfrac{5}{2}$

$\quad$(5) $a_n=(4-n)\cdot3^{n-2}$, $-\infty$

$\quad$[(2) $\dfrac{1}{a_n}=b_n$ とおくと $b_{n+1}=-3b_n+2$

$\quad$(3) $\dfrac{a_{n+1}}{n+1}=\dfrac{a_n}{n}+\left(\dfrac{1}{n}-\dfrac{1}{n+1}\right)$ から

$\quad\dfrac{a_{n+1}}{n+1}+\dfrac{1}{n+1}=\dfrac{a_n}{n}+\dfrac{1}{n}\left(=\dfrac{a_1}{1}+\dfrac{1}{1}\right)$

$\quad$別解 $b_n=\dfrac{a_n}{n}$ とおくと $b_1=2$,

$\quad b_{n+1}-b_n=\dfrac{1}{n}-\dfrac{1}{n+1}$

$\quad$(4) $a_{n+1}-a_n=\left(\dfrac{1}{3}\right)^{n-1}(a_2-a_1)=\left(\dfrac{1}{3}\right)^{n-1}$

$\quad$ゆえに $a_n=1+\sum\limits_{k=1}^{n-1}\left(\dfrac{1}{3}\right)^{k-1}$ $(n\geqq2)$

$\quad$(5) $a_{n+2}-3a_{n+1}=3(a_{n+1}-3a_n)$

$\quad$ゆえに $a_{n+1}-3a_n=(-1)\cdot3^{n-1}$

$\quad$両辺を 3^{n+1} で割る]

69 0

$\quad$[$3^n=(1+2)^n\geqq1+2n+2n(n-1)$ から

$\quad\dfrac{n}{3^n}\leqq\dfrac{n}{1+2n^2}$]

70 (1) 収束, $\dfrac{5}{12}$ (2) 発散

$\quad$[第 n 項を a_n, 部分和を S_n とする。

$\quad$(1) $a_n=\dfrac{1}{2}\left(\dfrac{1}{n+1}-\dfrac{1}{n+3}\right)$,

$\quad S_n=\dfrac{1}{2}\left(\dfrac{1}{2}+\dfrac{1}{3}-\dfrac{1}{n+2}-\dfrac{1}{n+3}\right)$

$\quad$(2) 分母を有理化すると

$\quad a_n=-\dfrac{1}{2}(\sqrt{n}-\sqrt{n+2})$

$\quad S_n=-\dfrac{1}{2}(1+\sqrt{2}-\sqrt{n+1}-\sqrt{n+2})$]

71 (1) 発散 (2) 収束, $\dfrac{2}{3}$ (3) 収束, 2

$\quad$(4) 発散 (5) 発散 (6) 収束, $\dfrac{3\sqrt{2}+2}{2}$

$\quad$[公比を r とする。

$\quad$(1) $r=\sqrt{3}>1$

$\quad$(2) $-1<r=-\dfrac{1}{2}<1$

$\quad$(3) $-1<r=\dfrac{9}{10}<1$

$\quad$(4) $r=-\sqrt{3}<-1$

$\quad$(5) $r=-1$

$\quad$(6) $r=\dfrac{-(2\sqrt{2}-1)}{3+\sqrt{2}}=1-\sqrt{2}=-0.4\cdots$]

72 順に (1) $-\dfrac{1}{2}<x<\dfrac{1}{2}$；$\dfrac{1}{1-2x}$

$\quad$(2) $-2<x<2$；$\dfrac{4}{2+x}$

$\quad$(3) $x=0$, $2<x<4$；$\dfrac{x}{x-2}$

$\quad$(4) $-1<x<1$, $x=3$；$\dfrac{3-x}{1-x}$

$\quad$[収束する条件は （初項）$=0$ または $|$公比$|<1$]

73 (1) $\dfrac{7}{9}$ (2) $\dfrac{11}{18}$ (3) $\dfrac{4}{11}$ (4) $\dfrac{139}{555}$

$\quad$[(1) $0.\dot{7}=0.7+0.07+0.007+\cdots=\dfrac{0.7}{1-0.1}$

$\quad$(2) $0.6\dot{1}=0.6+\dfrac{0.01}{1-0.1}$ (3) $0.\dot{3}\dot{6}=\dfrac{0.36}{1-0.01}$

$\quad$(4) $0.2\dot{5}0\dot{4}=0.2+\dfrac{0.0504}{1-0.001}$]

74 (1) $\dfrac{5}{6}$ (2) $\dfrac{5}{12}$

75 [第 n 項を a_n とする。

$\quad$(1) $n\to\infty$ のとき $a_n=\dfrac{n}{2n-1}\longrightarrow\dfrac{1}{2}$ $(\neq0)$

$\quad$であるから無限級数は発散する。

$\quad$(2) $a_n=(-1)^{n-1}\cdot2n$

$n \to \infty$ のとき，$\{a_n\}$ は発散する（振動）から，
無限級数も発散する〕

76 (1)　収束，$\dfrac{1}{4}$

(2)　$-2 \leqq x < 2$

〔(1)　第 n 項までの部分和を S_n とすると

$$S_n = \dfrac{1}{4}\left(1 - \dfrac{1}{4n+1}\right)$$

(2)　初項 $2+x=0$ または 公比 $\left|-\dfrac{x}{2}\right| < 1$〕

77　収束，2

$$\left[a_n = \dfrac{1}{\dfrac{n(n+1)}{2}} = \dfrac{2}{n(n+1)} = 2\left(\dfrac{1}{n} - \dfrac{1}{n+1}\right),\right.$$

$$\left. S_n = 2\left(1 - \dfrac{1}{n+1}\right)\right]$$

78 (1)　$-\dfrac{1}{4}$　(2)　$-\dfrac{3}{10}$　(3)　0

〔(1)　自然数 n に対して　$\cos n\pi = (-1)^n$

(2)　n が偶数のとき　$\sin\dfrac{n\pi}{2} = 0$

$n = 2k-1$（k は自然数）のとき

$\sin\dfrac{n\pi}{2} = (-1)^{k-1}$　　よって，求める和は

$$-\dfrac{1}{3} + \dfrac{1}{3^3} - \dfrac{1}{3^5} + \dfrac{1}{3^7} - \cdots\cdots$$

(3)　$\displaystyle\sum_{n=1}^{\infty}\dfrac{2}{3^{n-1}} - \sum_{n=1}^{\infty}\dfrac{3}{2^n}$〕

79　初項 20，公比 $-\dfrac{1}{4}$

〔初項を a，公比を r とすると，

$\dfrac{a}{1-r} = 16$ ……①，$ar = -5$ ……②

①から　$a = 16(1-r)$　　これを②に代入。

$16r^2 - 16r - 5 = 0$ から　$r = -\dfrac{1}{4}, \dfrac{5}{4}$（不適）〕

80　第 5 項

$$\left[\dfrac{1}{1-\dfrac{1}{7}} - \dfrac{1 \cdot \left\{1 - \left(\dfrac{1}{7}\right)^n\right\}}{1-\dfrac{1}{7}} < \dfrac{1}{10000} \text{ から}\right]$$

81 (1)　$-1 < x \leqq 0,\ 1 < x < 2$；$-\dfrac{x}{x^2-x-2}$

(2)　$x = n\pi$（n は整数）を除く実数全体；

$\dfrac{\cos x}{1 + \cos x}$

〔(1)　（初項）$x = 0$ または

（公比）$-1 < x^2 - x - 1 < 1$

(2)　（初項）$\cos x = 0$ または

（公比）$-1 < -\cos x < 1$〕

82 (1)　〔図〕　(2)　〔図〕

〔(1)　$x = 0,\ -1 < x < 1$ のとき収束，

和は $f(x) = \dfrac{x}{1-x}$

(2)　$x = 0,\ -1 < \dfrac{1}{1-x} < 1$ のとき収束，

和は $x = 0$ のとき $f(x) = 0$；

$x < 0,\ 2 < x$ のとき $f(x) = x - 1$〕

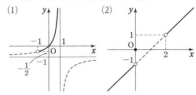

83　40 m

〔球は往復運動をするから

$$10 + 2\left\{10 \cdot \dfrac{3}{5} + 10 \cdot \left(\dfrac{3}{5}\right)^2 + 10 \cdot \left(\dfrac{3}{5}\right)^3 + \cdots\cdots\right\}\right]$$

84　$\dfrac{3(2\sqrt{3}-1)}{11}a^2$

〔S_n の 1 辺の長さを

a_n とすると，図から

$\tan 30° = \dfrac{a_n - a_{n+1}}{a_{n+1}}$

ゆえに　$a_{n+1} = \dfrac{3-\sqrt{3}}{2}a_n$，$a_1 = \dfrac{3-\sqrt{3}}{2}a$

求める値は，初項 a_1^2，公比 $\left(\dfrac{3-\sqrt{3}}{2}\right)^2$ の無限

等比級数の和〕

85 (1)　4　(2)　$\dfrac{3}{8}$

〔部分和を S_n とする。

(1)　$S_n - \dfrac{1}{2}S_n = 1 + \dfrac{1}{2} + \cdots\cdots + \dfrac{1}{2^{n-1}} - \dfrac{n}{2^n}$

よって　$S_n = 4 - \dfrac{1}{2^{n-2}} - 2 \cdot \dfrac{n}{2^n}$

(2)　$S_n = \dfrac{3}{8}\left\{1 - (4n+1)\left(-\dfrac{1}{3}\right)^n\right\}$〕

86 (1)　収束，$\dfrac{5}{2}$　(2)　発散

〔部分和を S_n などで表す。$n \to \infty$ のとき

(1)　$S_{2n} = \displaystyle\sum_{k=1}^{n}\dfrac{1}{3^{k-1}} + \sum_{k=1}^{n}\dfrac{1}{2^k} \longrightarrow \dfrac{3}{2} + 1 = \dfrac{5}{2}$，

$S_{2n-1} = S_{2n} - \dfrac{1}{2^n} \longrightarrow \dfrac{5}{2}$

(2)　$S_{2n-1} \longrightarrow 3$，

$S_{2n} = S_{2n-1} - \dfrac{2(n+1)+1}{n+1} \longrightarrow 1$〕

87 $\left[S_n = \sum_{k=1}^{n} \dfrac{1}{\sqrt{k}}, \ T_n = \sum_{k=1}^{n} \dfrac{1}{k} \ \text{とおくと} \right.$

$\left. \dfrac{1}{k} \le \dfrac{1}{\sqrt{k}} \ \text{から} \quad T_n \le S_n \right]$

88 (1) 0 (2) $-\dfrac{1}{2}$ (3) 3

89 (1) -3 (2) $-\dfrac{3}{2}$ (3) -1

$\left[(2) \ \lim_{x \to 1} \dfrac{x+2}{x-3} \quad (3) \ \lim_{x \to 0} \dfrac{1}{x} \cdot \dfrac{x}{x-1} \right]$

90 (1) 6 (2) $\dfrac{3}{4}$ (3) 1

$\left[(1) \ \lim_{x \to 9} (\sqrt{x} + 3) \quad (2) \ \lim_{x \to 2} \dfrac{x+1}{x + \sqrt{x+2}} \right.$

$\left. (3) \ \lim_{x \to 0} \dfrac{2}{\sqrt{1+x} + \sqrt{1-x}} \right]$

91 (1) ∞ (2) ∞ (3) $-\infty$

92 (1) 1 (2) 極限はない (3) 極限はない

93 (1) 0 (2) 3 (3) $-\infty$

(4) 0 (5) ∞ (6) -1

94 (1) $\dfrac{1}{6}$ (2) -6 (3) 1

95 (1) 極限はない

(2) $a>1$ のとき ∞, $a=1$ のとき $\dfrac{1}{2}$,

$a<1$ のとき $-\infty$

(3) 7

$\left[(1) \ \lim_{x \to +0} \left(\dfrac{1}{2} \right)^{\frac{1}{x}} = 0, \ \lim_{x \to -0} \left(\dfrac{1}{2} \right)^{\frac{1}{x}} = \infty \right.$

$(3) \ 7^x < 7^x + 4^x < 2 \cdot 7^x \ \text{から}$

$\left. 7 < (7^x + 4^x)^{\frac{1}{x}} < 7 \cdot 2^{\frac{1}{x}} \right]$

96 (1) $\dfrac{3}{2}$ (2) -1

$\left[(1) \ \dfrac{(\sqrt{x^2+3})^2 - (2x)^2}{(x+1)(\sqrt{x^2+3} - 2x)} = \dfrac{3(1-x)}{\sqrt{x^2+3} - 2x} \right.$

$(2) \ 3^x \ \text{で分母・分子を割る}]$

97 (1) $\dfrac{\sqrt{2}}{2}$ (2) 1

[(1) 分母, 分子を $\sqrt{x}$ で割る。

(2) まず有理化]

98 (1) 2 (2) -2 (3) $-\dfrac{1}{2}$ (4) -1

[(1) まず, 有理化。

(2) $x = -t$ とおくと $\lim_{t \to \infty} (\sqrt{t^2 - 4t} - t)$

(3) $x = -t$ とおく。 別解 $x<0$ のとき,

$\sqrt{x^2} = -x$ から, 次のように変形できる。

$(\text{与式}) = \lim_{x \to -\infty} \dfrac{\sqrt{2}}{-\sqrt{2 + \dfrac{1}{x}} - \sqrt{2 - \dfrac{1}{x}}}$

99 (1) $a=-1$, $b=0$ (2) $a=1$, $b=-2$

(3) $a=0$, $b=5$ (4) $a=8$, $b=1$

$[(1) \ \lim_{x \to 1} (x^2 + ax + b) = 0 \ \text{から} \quad b = -a-1$

$(2) \ \lim_{x \to 1} \{(a+1)x + b\} = 0$

$b = -a-1$ を代入して, 分母を有理化する。

(3) 分母, 分子を x で割る。

$(\text{与式の左辺}) = \lim_{x \to \infty} \dfrac{ax + b + \dfrac{4}{x}}{1 + \dfrac{3}{x}}$

(4) $b \le 0$ は不適。$b>0$ のとき

$(\text{与式の左辺}) = \lim_{x \to \infty} \dfrac{x^2 + ax - (bx)^2}{\sqrt{x^2 + ax} + bx}$

$= \lim_{x \to \infty} \dfrac{(1-b^2)x + a}{\sqrt{1 + \dfrac{a}{x}} + b}$

よって $1 - b^2 = 0$, $\dfrac{a}{1+b} = 4]$

100 $f(x) = 3x^2 + 12x - 36$

$[[1]$ から $f(x)$ は 2 次式で, 2 次の係数は 3

$[2]$ から $\lim_{x \to 2} f(x) = 0]$

101 点 $(3k, \ 3k)$

$\left[\text{点 P の座標を} \left(\alpha, \ \dfrac{k^2}{\alpha} \right) \text{とすると} \right.$

直線 PQ : $y = \dfrac{\alpha}{k}(x - \alpha) + \dfrac{k^2}{\alpha}$,

$\left. \text{直線 OA} : y = x \right]$

102 (1) -1 に収束 (2) 0 に収束

(3) 極限はない (4) 極限はない

(5) 1 に収束 (6) 極限はない

103 (1) 5 (2) $\dfrac{1}{3}$ (3) -2

(4) $\dfrac{1}{2}$ (5) 2 (6) -1

$\left[(5), (6) \ \tan x = \dfrac{\sin x}{\cos x} \ \text{を利用} \right]$

104 (1) 0 (2) 2 (3) $-\dfrac{1}{6}$ (4) -1

[(1)~(3) 分母・分子に $1 + \cos x$ を掛ける。

$\left. (4) \ \lim_{x \to 0} \left(\dfrac{\sin x}{x} - \dfrac{\sin 2x}{2x} \cdot \dfrac{2}{\cos 2x} \right) \right]$

105 (1) 1 (2) 3 (3) $\dfrac{3}{2}$

106 (1) 2 (2) -1

$$\left[\text{(1)}\ \frac{1}{x}=t\ とおくと\quad \lim_{t\to+0}\frac{2\sin t}{t}\right.$$

(2) $x-\pi=t$ とおくと

$$\left.\lim_{t\to0}\frac{\sin(\pi+t)}{t}=\lim_{t\to0}\frac{-\sin t}{t}\right]$$

107 (1) 0　(2) 4　(3) $\dfrac{1}{4}$　(4) 0

$$\left[\text{(1)}\ 0\leqq|\sin 4x|\leqq1\ から\quad 0\leqq\left|\frac{\sin 4x}{x}\right|\leqq\frac{1}{|x|}\right.$$

(2) $\dfrac{\sin 4x}{x}=\dfrac{\sin 4x}{4x}\cdot4$

(3) $\dfrac{1}{x}=t$ とおくと

$$\lim_{t\to0}\frac{\sin\dfrac{t}{4}}{t}=\lim_{t\to0}\frac{\sin\dfrac{t}{4}}{\dfrac{t}{4}}\cdot\frac{1}{4}$$

(4) $\left.0\leqq\left|\sin\dfrac{1}{4x}\right|\leqq1\ から\quad 0\leqq\left|x\sin\dfrac{1}{4x}\right|\leqq|x|\right]$

108 (1) π　(2) $\dfrac{\pi}{180}$　(3) 1

(4) 2　(5) $-\pi$　(6) 1

$$\left[\text{(1)}\ \frac{\sin\pi x}{x}=\frac{\sin\pi x}{\pi x}\cdot\pi\right.$$

(2) $x°=\dfrac{\pi}{180}x$ であるから

$$\frac{\sin x°}{x}=\frac{\sin\dfrac{\pi}{180}x}{x}=\frac{\sin\dfrac{\pi}{180}x}{\dfrac{\pi}{180}x}\cdot\frac{\pi}{180}$$

(3) $\sin x=t$ とおくと　$\lim_{t\to0}\dfrac{\sin t}{t}$

(4) $\dfrac{x\tan x}{1-\cos x}=\dfrac{x\sin x(1+\cos x)}{\cos x(1-\cos^2 x)}$

$\qquad=\dfrac{x}{\sin x}\cdot\dfrac{1+\cos x}{\cos x}$

(5) $x-1=t$ とおくと　$-\dfrac{\sin\pi t}{t}=-\pi\cdot\dfrac{\sin\pi t}{\pi t}$

(6) $\dfrac{1}{x}=t$ とおくと

$$\left.\frac{1}{t-3t^2}\sin t=\frac{\sin t}{t}\cdot\frac{1}{1-3t}\quad(t\to0)\right]$$

109 $a=4,\ b=-1$

[(分母) $\to0$ であるから　(分子) $\to0$

よって　$1+b=0$

ゆえに　$\left.\lim_{x\to0}\dfrac{ax}{(\sqrt{ax+1}+1)\sin x}=2\right]$

110 $\dfrac{1}{2r}$

[$\angle\text{POA}=\theta$ とおくと　$\overset{\frown}{\text{AP}}=r\theta$,

$$\text{AP}=2r\sin\frac{\theta}{2},\quad \text{PQ}=2\text{AP}\sin\frac{\theta}{4}\bigg]$$

111 (1) 連続　(2) 不連続　(3) 不連続

(4) 連続　(5) 不連続　(6) 連続

[$\lim_{x\to0}f(x)$ が存在するか，また

$\lim_{x\to0}f(x)=f(0)$ が成り立つか調べる。

(1) $\lim_{x\to0}f(x)=f(0)$　(2) $\lim_{x\to+0}f(x)\neq\lim_{x\to-0}f(x)$

(3) $\lim_{x\to0}f(x)\neq f(0)$　(4) $\lim_{x\to+0}f(x)=f(0)$

(5) $\lim_{x\to+0}f(x)\neq\lim_{x\to-0}f(x)$

(6) $\lim_{x\to+0}f(x)=\lim_{x\to-0}f(x),\ \lim_{x\to0}f(x)=f(0)]$

112 $\left[\lim_{x\to0}f(x)=\lim_{x\to0}\dfrac{\sin x}{x}=1,\ f(0)=1\right]$

113 $a=\dfrac{3}{2}$

[$f(2)=4,\ \lim_{x\to2+0}f(x)=2a+1$]

114 (1) $x=-1$ のとき最大値 5,

$\qquad x=\dfrac{3}{2}$ のとき最小値 0

(2) 最大値はない，$x=\dfrac{1}{2}$ のとき最小値 $-\dfrac{1}{4}$

115 [(左辺) $=f(x)$ とおくと $f(x)$ は連続。

(1) $f(4)=-1,\ f(5)=12$

(2) $f(\pi)=\pi+1>0,\ f(2\pi)=-2\pi+1<0$]

116 不連続

[$\lim_{x\to+0}f(x)=\lim_{x\to+0}\dfrac{x^2+3x}{x}=3$,

$\lim_{x\to-0}f(x)=\lim_{x\to-0}\dfrac{x^2+3x}{-x}=-3$]

117 (1) 定義域は $x\neq\pm1$；連続

(2) 定義域は $0\leqq x\leqq6$, 連続

(3) 定義域は実数全体；

$\qquad x=n$ (n は整数) で不連続, 他で連続

(4) 定義域は $x<-2,\ 0<x$；連続

118 $a=\dfrac{1}{2},\ b=\dfrac{\pi^2}{4}$

$\left[\lim_{x\to+0}\dfrac{ax^2}{1-\cos x}=1,\ \lim_{x\to\pi-0}\dfrac{ax^2}{1-\cos x}=b\right]$

119 (1) [図], 定義域は $x>-1$,

$\qquad x=1$ で不連続

(2) [図], 定義域は $x\neq\dfrac{3}{2}\pi+2l\pi$ (l は整数),

$\qquad x=\dfrac{\pi}{2}+2m\pi$ (m は整数) で不連続

[(1) $|x|<1$ のとき　$y=x$,

$x=1$ のとき　$y=0$,　$x>1$ のとき　$y=-x$

(2) まず，$0\leqq x<2\pi$ において考える。

$x=\dfrac{\pi}{2}$ のとき, $\sin x=1$ から $y=1$;

$x=\dfrac{3}{2}\pi$ のとき, $\sin x=-1$ から, y は定義されない ; 他の区間においては, $|\sin x|<1$ であるから $y=0$]

(1) (2)

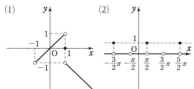

120 (1) -2 と -1 の間, -1 と 0 の間, 1 と 2 の間

[(1) $f(x)=x^3+x^2-2x-1$ とおくと, $f(x)$ は連続で $f(-2)<0$, $f(-1)>0$, $f(0)<0$, $f(1)<0$, $f(2)>0$

(2) $f(x)=ax^3+bx^2+cx+d$ $(a\ne0)$ とおく。

$a>0$ のとき, $\lim\limits_{x\to-\infty}f(x)=-\infty$,

$\lim\limits_{x\to\infty}f(x)=\infty$ $a<0$ の場合も同様]

121 $r<-1$, $1<r$ のとき $1-r$;

$|r|<1$ のとき $\dfrac{1}{1-r}$; $r=1$ のとき 1 ;

$r=-1$ のとき極限はない

122 (1) $3\cdot4^n$ (2) $\dfrac{8}{5}$

$\left[(2)\ S_n=S_{n-1}+\dfrac{1}{3}\left(\dfrac{4}{9}\right)^{n-1}\right]$

123 [(1) 数学的帰納法で示す。

$0<a_k<3$ と仮定すると $3-a_{k+1}=2-\sqrt{1+a_k}$,

$1<\sqrt{1+a_k}<2$ から。

(2) $3-a_n=2-\sqrt{1+a_{n-1}}=\dfrac{3-a_{n-1}}{2+\sqrt{1+a_{n-1}}}$

$\leqq\dfrac{1}{3}(3-a_{n-1})$

(3) $0<3-a_n\leqq\left(\dfrac{1}{3}\right)^{n-1}(3-a_1)$]

124 $a=0$, $b=1$

[$x<-1$, $1<x$ のとき $f(x)=x^2+ax$;

$x=1$ のとき $f(x)=\dfrac{1+a+b}{2}$;

$x=-1$ のとき $f(x)=\dfrac{1-a+b}{2}$;

$-1<x<1$ のとき $f(x)=bx^2$]

125 (1) $\dfrac{a^2+b^2+a\sqrt{a^2+b^2}}{b}$ (2) 1

(3) 点 $(0, 2)$

126 $\left[\dfrac{f(2+h)-f(2)}{h}=\dfrac{|h^2+4h|}{h}\right.$

$\lim\limits_{h\to+0}\dfrac{f(2+h)-f(2)}{h}=\lim\limits_{h\to+0}\dfrac{h^2+4h}{h}=4$

$\left.\lim\limits_{h\to-0}\dfrac{f(2+h)-f(2)}{h}=\lim\limits_{h\to-0}\dfrac{-(h^2+4h)}{h}=-4\right]$

127 (1) $f'(x)=6x^2$, $f'(1)=6$

(2) $f'(x)=-\dfrac{2}{x^3}$, $f'(1)=-2$

(3) $f'(x)=\dfrac{\sqrt{3}}{2\sqrt{x}}$, $f'(1)=\dfrac{\sqrt{3}}{2}$

$\left[(1)\ \lim\limits_{h\to0}\dfrac{2(x+h)^3-2x^3}{h}\right.$

$=\lim\limits_{h\to0}(6x^2+6hx+2h^2)$

(2) $\lim\limits_{h\to0}\dfrac{\dfrac{1}{(x+h)^2}-\dfrac{1}{x^2}}{h}=\lim\limits_{h\to0}\dfrac{-2x-h}{(x+h)^2x^2}$

$=-\dfrac{2x}{x^4}$

(3) $\lim\limits_{h\to0}\dfrac{\sqrt{3(x+h)}-\sqrt{3x}}{h}$

$\left.=\lim\limits_{h\to0}\dfrac{3h}{h\{\sqrt{3(x+h)}+\sqrt{3x}\}}=\dfrac{3}{2\sqrt{3x}}\right]$

128 (1) $y'=2x+3$

(2) $y'=10x^4-12x^3+7$

(3) $y'=4x^3-8x$

129 (1) $y'=4x+7$

(2) $y'=6x^5+5x^4-4x-2$

(3) $y'=3x^2+2x$

130 (1) $y'=\dfrac{4}{x^5}$ (2) $y'=-\dfrac{2}{(x-1)^2}$

(3) $y'=-\dfrac{x^2-1}{(x^2-x+1)^2}$

131 (1) $y'=8(2x-1)^3$

(2) $y'=20x(2x^2+1)^4$

(3) $y'=4(x-1)(x^2-2x+3)$

132 (1) $y'=\dfrac{1}{4}x^{-\frac{3}{4}}$ (2) $y'=\dfrac{3}{8\sqrt[8]{x^5}}$

(3) $y'=\dfrac{x}{\sqrt{x^2-2}}$

133 (1) $y'=3x^2+14x+12$

(2) $y'=12(3x^3-1)(3x^4-4x-1)^2$

(3) $y'=-\dfrac{4(6x^2+5)}{(2x^3+5x)^5}$

(4) $y'=-\dfrac{2x+1}{2(x^2+x+1)\sqrt{x^2+x+1}}$

134 (1) $y'=\dfrac{2x^2+1}{\sqrt{x^2+1}}$　(2) $y'=\dfrac{1-5x^3}{(1+x^3)^3}$

(3) $y'=\dfrac{1}{(x+1)\sqrt{(x+1)(x-1)}}$

$\Big[$(1) $y'=\sqrt{x^2+1}+x\cdot\dfrac{1}{2}(x^2+1)^{-\frac{1}{2}}\cdot 2x$

(2) $y'=\dfrac{1\cdot(1+x^3)^2-x\cdot 2(1+x^3)\cdot 3x^2}{(1+x^3)^4}$

(3) $y'=\left\{\left(\dfrac{x-1}{x+1}\right)^{\frac{1}{2}}\right\}'$

$=\dfrac{1}{2}\left(\dfrac{x-1}{x+1}\right)^{\frac{1}{2}-1}\cdot\left(\dfrac{x-1}{x+1}\right)'$

$=\dfrac{1}{2}\left(\dfrac{x-1}{x+1}\right)^{-\frac{1}{2}}\cdot\dfrac{1\cdot(x+1)-(x-1)\cdot 1}{(x+1)^2}\Big]$

135 $3x^2-12x+11$

136 (1) $\dfrac{dy}{dx}=\dfrac{1}{2y+1}$　(2) $\dfrac{dy}{dx}=\dfrac{1}{3\sqrt[3]{(x-1)^2}}$

$\Big[$両辺を x で微分する。

(1) $1=(2y+1)\dfrac{dy}{dx}$

(2) $1=3y^2\dfrac{dy}{dx}$　ここで $y=\sqrt[3]{x-1}$

別解　両辺を y で微分する $\Big]$

137 $\dfrac{1}{4}$

$\Big[y=f^{-1}(x)$ とすると $x=f(y)=y^3+y$ …… ①

$\dfrac{dx}{dy}=3y^2+1$　① から $x=2$ のとき $y=1\Big]$

138 (1) $5f'(a)$　(2) $2af(a)+a^2f'(a)$

$\Big[$(1) $\dfrac{f(a+3h)-f(a)+f(a)-f(a-2h)}{h}$

$=\dfrac{f(a+3h)-f(a)}{3h}\cdot 3$

$-\dfrac{f(a-2h)-f(a)}{-2h}\cdot(-2)$

(2) $\dfrac{x^2f(x)-a^2f(x)+a^2f(x)-a^2f(a)}{x-a}$

$=\dfrac{x^2-a^2}{x-a}\cdot f(x)+\dfrac{f(x)-f(a)}{x-a}\cdot a^2$

別解　$g(x)=x^2f(x)$ とおくと

(与式)$=\lim\limits_{x\to a}\dfrac{g(x)-g(a)}{x-a}=g'(a)$

$g'(x)=2xf(x)+x^2f'(x)\Big]$

139 連続, 微分可能

$\Big[\lim\limits_{h\to 0}\dfrac{f(0+h)-f(0)}{h}=\lim\limits_{h\to 0}\dfrac{h^2\sin\dfrac{1}{h}-0}{h}$

$=\lim\limits_{h\to 0}h\sin\dfrac{1}{h}=0$　ゆえに, $x=0$ で微分可能。

よって, $x=0$ で連続 $\Big]$

140 $f'(0)=2$

$\Big[f(0)=1$ であるから

$2x-3x^2\leqq f(x)-f(0)\leqq 2x+3x^2$

$x>0$ のとき

$2-3x\leqq\dfrac{f(x)-f(0)}{x-0}\leqq 2+3x$

$x\to +0$ として, はさみうちの原理を利用する。

$x<0$ のとき

$2+3x\leqq\dfrac{f(x)-f(0)}{x-0}\leqq 2-3x$

$x\to -0$ として, はさみうちの原理を利用する $\Big]$

141 (1) $y'=2+\sin x$

(2) $y'=\cos x-\dfrac{1}{\cos^2 x}$

(3) $y'=-2\sin(2x+1)$

(4) $y'=\dfrac{2}{\cos^2 2x}$

(5) $y'=-\cos x\sin(\sin x)$

(6) $y'=2x\cos x^2$

(7) $y'=3\sin^2 x\cos x$

(8) $y'=\dfrac{\cos x}{2\sqrt{\sin x}}$

(9) $y'=3\cos 3x\cos 5x-5\sin 3x\sin 5x$

(10) $y'=2x\sin x+(x^2+1)\cos x$

(11) $y'=-\dfrac{\cos x}{(3+\sin x)^2}$

(12) $y'=\dfrac{2x\cos x+x^2\sin x}{\cos^2 x}$

(13) $y'=-\sin 2x$

(14) $y'=0$

(15) $y'=\dfrac{\sin x+2\tan x}{\cos^2 x}$

$\Big[$(13)　$y'=2\sin x\cos x-2\sin 2x$

$=\sin 2x-2\sin 2x$

(14) $y'=2\sin x\cos x-2\cos x\sin x$

別解　$y=1$ (定数) から　$y'=0\Big]$

142 (1) $y'=\dfrac{1}{x}$　(2) $y'=\dfrac{2x}{x^2-2}$

(3) $y'=\dfrac{x}{x^2-1}$　(4) $y'=\dfrac{1}{x\log 3}$

(5) $y'=\dfrac{3}{(3x+1)\log 10}$

(6) $y'=3x^2\log x+x^2$

(7) $y'=\dfrac{4(\log x)^3}{x}$　(8) $y'=\dfrac{2x}{x^2-4}$

(9) $y'=-\dfrac{5}{(3x+1)(2x-1)}$

$\left[\text{(3)} \quad y=\dfrac{1}{2}\log(x^2-1)\right]$

143 (1) $y'=5e^{5x}$ (2) $y'=2e^{2x}+2xe^{x^2}$

(3) $y'=e^{-3x}-3xe^{-3x}$ (4) $y'=2xe^x+x^2e^x$

(5) $y'=4\cdot3^{4x}\log3$ (6) $y'=-5^{-x}\log5$

144 (1) $y'=e^x(\sin x+\cos x)$

(2) $y'=e^x\left(\tan x+\dfrac{1}{\cos^2x}\right)$

(3) $y'=\dfrac{\cos(\log x)}{x}$ (4) $y'=\dfrac{\cos x}{\sin x}$

(5) $y'=\dfrac{1}{x\log x}$ (6) $y'=\cos xe^{\sin x}$

145 (1) $y'=\cos^2x-\sin^2x$

(2) $y'=\dfrac{2x}{(x^2-1)\log a}$ (3) $y'=\dfrac{e^x(x-1)}{x^2}$

$\left[\text{(1)}\quad \boxed{\text{別解}}\quad y=\dfrac{1}{2}\sin2x\ \text{から}\quad y'=\cos2x\right]$

146 (1) $y'=\dfrac{\sin2x}{2\sqrt{1+\sin^2x}}$

(2) $y'=\dfrac{(2x+1)\cos\sqrt{x^2+x+1}}{2\sqrt{x^2+x+1}}$

(3) $y'=-e^{-ax}(a\sin bx-b\cos bx)$

(4) $y'=2xa^{x^2+1}\log a$

(5) $y'=\dfrac{4}{(e^x+e^{-x})^2}$

(6) $y'=-\dfrac{\log a}{x(\log x)^2}$

(7) $y'=\dfrac{1}{(x-a)(x+a)}$ (8) $y'=\dfrac{x}{x-1}$

147 (1) $y'=-\dfrac{(5x^2+14x+5)(x+1)}{(x+2)^4(x+3)^5}$

(2) $y'=-\dfrac{2(7x^2+32x-11)(x^2-1)^3}{(x-2)^7(2x+5)^3}$

(3) $y'=\dfrac{8x^3+3x^2+2}{3\sqrt[3]{(2x+1)^2(x^3+1)^2}}$

(4) $y'=-\dfrac{2(3x^3-4x^2+2x+3)}{5\sqrt[5]{(3x-2)^3(x-1)^7(x^2+3)^6}}$

(5) $y'=3x^{3x}(\log x+1)$

(6) $y'=\dfrac{(\sin x)^{\log x-1}\{\sin x\cdot\log(\sin x)+x\log x\cdot\cos x\}}{x}$

$[$ (1) $\log|y|$

$=2\log|x+1|-3\log|x+2|-4\log|x+3|\ \text{から}$

$\dfrac{y'}{y}=\dfrac{2}{x+1}-\dfrac{3}{x+2}-\dfrac{4}{x+3}$

$=-\dfrac{5x^2+14x+5}{(x+1)(x+2)(x+3)}$ (2) も同様。

(3) $\log|y|=\dfrac{1}{3}(\log|2x+1|+\log|x^3+1|)\ \text{から}$

$\dfrac{y'}{y}=\dfrac{1}{3}\left(\dfrac{2}{2x+1}+\dfrac{3x^2}{x^3+1}\right)$ (4) も同様。

(5) $x>0$ のとき $x^{3x}>0$ から $\log y=3x\log x$

$\dfrac{y'}{y}=3\log x+3x\cdot\dfrac{1}{x}=3\log x+3$

(6) $0<x<\pi$ のとき $(\sin x)^{\log x}>0$ から

$\log y=\log x\cdot\log(\sin x)$

$\dfrac{y'}{y}=\dfrac{1}{x}\cdot\log(\sin x)+\log x\cdot\dfrac{\cos x}{\sin x}]$

148 (1) e^2 (2) -1 (3) $\dfrac{1}{e^2}$ (4) $\dfrac{1}{e}$

$[$ (1) $2x=k$ とおくと $(1+k)^{\frac{2}{k}}=\{(1+k)^{\frac{1}{k}}\}^2$

(2) $\dfrac{\log(1-x)}{x}=\log(1-x)^{\frac{1}{x}}$

(3) $-\dfrac{2}{x}=k$ とおくと

$\left(1-\dfrac{2}{x}\right)^x=(1+k)^{-\frac{2}{k}}=\{(1+k)^{\frac{1}{k}}\}^{-2}$

(4) $\left(\dfrac{x}{x+1}\right)^x=\left(\dfrac{1}{1+\frac{1}{x}}\right)^x$

$\dfrac{1}{x}=k$ とおくと $\left(\dfrac{x}{x+1}\right)^x=\dfrac{1}{(1+k)^{\frac{1}{k}}}]$

149 (1) $y''=12x^2-30x$, $y'''=24x-30$

(2) $y''=6$, $y'''=0$

(3) $y''=\dfrac{2}{(x+2)^3}$, $y'''=-\dfrac{6}{(x+2)^4}$

(4) $y''=-\sin x-\cos x$,

$y'''=-\cos x+\sin x$

(5) $y''=-\dfrac{4}{(2x+1)^2}$, $y'''=\dfrac{16}{(2x+1)^3}$

(6) $y''=e^x+e^{-x}$, $y'''=e^x-e^{-x}$

150 (1) $y^{(n)}=e^x$ (2) $y^{(n)}=3^ne^{3x}$

(3) $y^{(n)}=0$ (4) $y^{(n)}=(n+1)!x$

151 $\left[y'=\dfrac{1+2x^2}{\sqrt{1+x^2}},\ y''=\dfrac{2x^3+3x}{(1+x^2)\sqrt{1+x^2}}\ \text{を左}\right.$

辺に代入$]$

152 (1) $\dfrac{dy}{dx}=-\dfrac{2}{3}$ (2) $\dfrac{dy}{dx}=\dfrac{4}{y}$

(3) $\dfrac{dy}{dx}=-\dfrac{x}{y}$ (4) $\dfrac{dy}{dx}=\dfrac{x}{9y}$

153 (1) $\dfrac{dy}{dx}=t$ (2) $\dfrac{dy}{dx}=\dfrac{\sin t}{1-\cos t}$

$$\left[(1)\ \frac{dx}{dt}=2,\ \frac{dy}{dt}=2t\ \ \frac{dy}{dx}=\frac{\dfrac{dy}{dt}}{\dfrac{dx}{dt}}\ を利用\right]$$

154 (1) (ア) $y^{(4)}=48$　(イ) $y^{(4)}=(\log 3)^4 3^x$

　　　(ウ) $y^{(4)}=\sin x$

(2) (ア) $\dfrac{dy}{dx}=\dfrac{\tan t}{3}$　(イ) $\dfrac{dy}{dx}=-\dfrac{2x}{3y}$

155 (1) $y'''=\dfrac{3}{(2x+1)^2\sqrt{2x+1}}$

(2) $y'''=\dfrac{2+4\sin^2 x}{\cos^4 x}$

(3) $y'''=-2e^x(\sin x+\cos x)$

(4) $y'''=6\log x+11$

$$\left[(1)\ y'=\frac{1}{2}(2x+1)^{-\frac{1}{2}}\cdot 2=(2x+1)^{-\frac{1}{2}}\right.$$

$$y''=-\frac{1}{2}(2x+1)^{-\frac{3}{2}}\cdot 2=-(2x+1)^{-\frac{3}{2}}$$

$$\left.y'''=(-1)\cdot\left(-\frac{3}{2}\right)(2x+1)^{-\frac{5}{2}}\cdot 2=3(2x+1)^{-\frac{5}{2}}\right.$$

$$(2)\ y'=\frac{1}{\cos^2 x}$$

$$y''=\frac{2\cos x\sin x}{\cos^4 x}=\frac{2\sin x}{\cos^3 x}$$

$$y'''=\frac{2\cos x\cdot\cos^3 x-2\sin x\cdot 3\cos^2 x\cdot(-\sin x)}{\cos^6 x}$$

$$\left.=\frac{2\cos^2 x+6\sin^2 x}{\cos^4 x}\qquad (3),\ (4)\ も同様\right]$$

156 (1) $\dfrac{dy}{dx}=\dfrac{t^2+1}{2t}$　(2) $\dfrac{dy}{dx}=-\dfrac{b}{a}\tan t$

$$\left[(1)\ \frac{dx}{dt}=\frac{4t}{(1-t^2)^2},\ \frac{dy}{dt}=\frac{2t^2+2}{(1-t^2)^2}\right.$$

$$(2)\ \frac{dx}{dt}=-3a\cos^2 t\sin t,$$

$$\left.\frac{dy}{dt}=3b\sin^2 t\cos t\right]$$

157 (1) $\dfrac{dy}{dx}=\dfrac{2x-y}{x+3y^2}$　(2) $\dfrac{dy}{dx}=\dfrac{1}{2(y-2)}$

(3) $\dfrac{dy}{dx}=-\left(\dfrac{y}{x}\right)^{\frac{2}{3}}$　(4) $\dfrac{dy}{dx}=-\dfrac{1}{\sin y}$

$$\left[(1)\ y+x\frac{dy}{dx}+3y^2\frac{dy}{dx}=2x\right.$$

$$\left.(2)\ 2(y-2)\cdot\frac{dy}{dx}=1\qquad (3),\ (4)\ も同様\right]$$

158 [(1) y', y'' を求めて左辺に代入し，右辺
を導く。

(2) $2x+2yy'=0$ をもう一度 x で微分]

159 $\dfrac{d^2y}{dx^2}=2(t+1)^3$

$$\left[\frac{dx}{dt}=\frac{1}{(1+t)^2},\ \frac{dy}{dt}=\frac{t^2+2t}{(1+t)^2}\ から\right.$$

$$\frac{dy}{dx}=t^2+2t$$

$$\frac{d^2y}{dx^2}=\frac{d}{dx}\left(\frac{dy}{dx}\right)=\frac{d}{dt}\left(\frac{dy}{dx}\right)\cdot\frac{dt}{dx}$$

$$\left.=\frac{d}{dt}(t^2+2t)\cdot\frac{1}{\dfrac{dx}{dt}}=(2t+2)(1+t)^2\right]$$

160 (1) $-\sin 2a$　(2) $-a^2\sin a-2a\cos a$

$$[(1)\ f(x)=\cos^2 x\ とおくと$$

$$(与式)=\lim_{x\to a}\frac{f(x)-f(a)}{x-a}=f'(a)$$

$$f'(x)=2\cos x\cdot(-\sin x)=-\sin 2x$$

$$(2)\ \frac{a^2\cos x-x^2\cos a}{x-a}$$

$$=\frac{a^2\cos x-a^2\cos a+a^2\cos a-x^2\cos a}{x-a}$$

$$\left.=\frac{\cos x-\cos a}{x-a}\cdot a^2-\frac{x^2-a^2}{x-a}\cdot\cos a\right]$$

161 $\left[(1)\ \dfrac{d^{k+1}}{dx^{k+1}}\cos x=\dfrac{d}{dx}\cos\left(x+\dfrac{k\pi}{2}\right)\right.$

$$=-\sin\left(x+\frac{k\pi}{2}\right)=\cos\left(x+\frac{(k+1)\pi}{2}\right)$$

$$(2)\ \frac{d^{k+1}}{dx^{k+1}}\log x=\frac{d}{dx}(-1)^{k-1}\frac{(k-1)!}{x^k}$$

$$\left.=(-1)^{k-1}(k-1)!\frac{-kx^{k-1}}{x^{2k}}=(-1)^k\frac{k!}{x^{k+1}}\right]$$

162 (1) 3　(2) $f(x)=-\dfrac{1}{6}x^3+\dfrac{3}{2}x^2-3x+1$

[(1) $f(x)$ の最高次の項を ax^n $(a\neq 0)$ とする
と，$xf''(x)+(1-x)f'(x)+3f(x)$ の最高次の
項は $(-n+3)ax^n$　　ゆえに　$-n+3=0$

(2) $f(x)=ax^3+bx^2+cx+1$ とおくと
$(9a+b)x^2+(4b+2c)x+c+3=0$]

163 $a=5$, $b=-8$

[微分可能な関数は連続であるから，$f(x)$ は
$x=1$ で連続。よって　$a+b=-3$

$$\lim_{h\to 0}\frac{f(1+h)-f(1)}{h}=\lim_{h\to +0}\frac{f(1+h)-f(1)}{h}$$

$$\lim_{h\to +0}\frac{f(1+h)-f(1)}{h}=2$$

$$\lim_{h\to -0}\frac{f(1+h)-f(1)}{h}$$

$$=\lim_{h\to -0}\left(ah+2a+b+\frac{a+b+3}{h}\right)=2a+b$$

よって　$2a+b=2$]

164 (1) $f'(k)x+f(k)-kf'(k)$

(2) $f'(k)=0$, $f(k)=0$

(3) $a=-5$, $b=3$

[(1) $f(x)=(x-k)^2Q(x)+px+q$ とおくと

$f'(x)=2(x-k)Q(x)+(x-k)^2Q'(x)+p$

$f(k)=pk+q$, $f'(k)=p$

この連立方程式を p, q について解く。

(2) $p=0$ かつ $q=0$

(3) (2)から $f'(1)=0$, $f(1)=0$]

165 (1) 0 (2) 3 (3) 11

$\left[(2)\ \lim_{y\to 0}\dfrac{f(y)}{y}=\lim_{y\to 0}\dfrac{f(y)-f(0)}{y-0}\right.$

$\left.(3)\ f'(1)=\lim_{y\to 0}\dfrac{f(1+y)-f(1)}{y}\right]$

166 接線の方程式，法線の方程式の順に

(1) $y=-x+1$, $y=x-1$

(2) $y=-2x+4$, $y=\dfrac{1}{2}x+\dfrac{3}{2}$

(3) $y=2x$, $y=-\dfrac{1}{2}x$

(4) $y=\sqrt{3}\,x+4$, $y=-\dfrac{\sqrt{3}}{3}x$

(5) $y=-\dfrac{\sqrt{2}}{2}x+\dfrac{\sqrt{2}}{8}\pi+\dfrac{\sqrt{2}}{2}$,

$y=\sqrt{2}\,x-\dfrac{\sqrt{2}}{4}\pi+\dfrac{\sqrt{2}}{2}$

(6) $y=\dfrac{2}{e}x$, $y=-\dfrac{e}{2}x+\dfrac{e^2}{2}+2$

167 接線の方程式，法線の方程式の順に

(1) $y=x-4$, $y=-x-2$

(2) $y=-3x+6$, $y=\dfrac{1}{3}x+\dfrac{8}{3}$

168 接線の方程式，法線の方程式の順に

(1) $y=\dfrac{\sqrt{3}}{6}x+\sqrt{3}$, $y=-2\sqrt{3}\,x+\sqrt{3}$

(2) $y=2x-1$, $y=-\dfrac{1}{2}x+\dfrac{3}{2}$

169 (1) $y=-5x+9$ (2) $y=\dfrac{1}{2}x+\dfrac{1}{4}$

$\left[(1)\ \dfrac{dx}{dt}=-1,\ \dfrac{dy}{dt}=1+2t\quad \dfrac{dy}{dx}=\dfrac{\dfrac{dy}{dt}}{\dfrac{dx}{dt}}\right]$

170 (1) $y=-2x+2$, $y=6x-6$

(2) $y=x-1$

(3) $y=\dfrac{1}{3}x+\dfrac{4}{3}$, $y=\dfrac{1}{27}x+\dfrac{100}{27}$

(4) $y=\dfrac{e^2}{4}x$

[点 $(a,\ f(a))$ における接線は

$y=f'(a)(x-a)+f(a)$

これが与えられた点を通る。

(1) 接線 $y=2a(x-a)+a^2+3$ が点 $(1,\ 0)$

を通るから $0=2a(1-a)+a^2+3$

よって $a=-1,\ 3$

(2) 接線 $y=\dfrac{1}{a}(x-a)+\log a$ が点 $(0,\ -1)$ を

通るから $-1=\dfrac{1}{a}(0-a)+\log a$

よって $a=1$ (3), (4) も同様]

171 (1) $y=2x+\dfrac{1}{8}$ (2) $y=\dfrac{1}{4}x+1$

[接点の座標を $(a,\ \sqrt{a})$ とすると，接線の

方程式は $y=\dfrac{1}{2\sqrt{a}}x+\dfrac{\sqrt{a}}{2}$

(1) 傾きが 2 であるから $\dfrac{1}{2\sqrt{a}}=2$

(2) 点 $(-8,\ -1)$ を通るから

$-1=-\dfrac{4}{\sqrt{a}}+\dfrac{\sqrt{a}}{2}$]

172 $y=-4x-4$; $(-2,\ 4)$, $\left(-\dfrac{1}{2},\ -2\right)$

$\left[y=x^2,\ y=\dfrac{1}{x}\ \text{の接点をそれぞれ}\ (x_1,\ x_1{}^2),\right.$

$\left(x_2,\ \dfrac{1}{x_2}\right)(x_2\ne 0)$ とすると，接線の方程式は

$y=2x_1x-x_1{}^2$, $y=-\dfrac{1}{x_2{}^2}x+\dfrac{2}{x_2}$

よって $2x_1=-\dfrac{1}{x_2{}^2}$, $-x_1{}^2=\dfrac{2}{x_2}$

別解 $y=x^2$ 上の点 $(a,\ a^2)$ における接線

$y=2ax-a^2$ が $y=\dfrac{1}{x}$ と接するから，

$\dfrac{1}{x}=2ax-a^2$ から得られる x についての2次方

程式の判別式が 0

よって $a=-2$]

173 $a=\dfrac{1}{e}$, $y=\dfrac{3}{\sqrt[3]{e}}x-2$

[2曲線の共有点の x 座標を p とすると

$ap^3=3\log p$ また，2曲線の共有点における接

線が一致するから $3ap^2=\dfrac{3}{p}$]

174 $a=\dfrac{1}{2}$, $b=-\dfrac{1}{2}$

$\left[\text{曲線}\ y=ax^2+b\ \text{が点}\ \left(\sqrt{2},\ \dfrac{1}{2}\right)\ \text{を通るから}\right.$

$\dfrac{1}{2}=2a+b$ また，点 $\left(\sqrt{2},\ \dfrac{1}{2}\right)$ における接線

が直交するから　$2\sqrt{2}\,a\cdot\left(-\dfrac{2}{2\sqrt{2}}\right)=-1$

175 $a=-3,\ 1,\ \dfrac{3}{2}$

[2 曲線が同一の点を通り，その点での微分係
数が等しければよい。
$x=t$ に対応する点において接するとする。
$2\cos t=2\sin 2t$ を満たす t の値が
$2\sin t=a-\cos 2t$ を満たせばよい]

176 $a\leqq-4,\ 0\leqq a$

[点 $(t,\ te^t)$ における接線の方程式は
$y-te^t=(t+1)e^t(x-t)$　　これが P$(a,\ 0)$ を
通るためには　$-te^t=(t+1)e^t(a-t)$
整理して　$t^2-at-a=0$　この t についての 2
次方程式が実数解をもてばよい]

177 (1) $\left(\dfrac{\pi}{2},\ 1\right)$　(2) $\left(\sqrt{3},\ \dfrac{\sqrt{3}}{3}\right)$

178 (1) $c=\dfrac{1}{2}$　(2) $c=\dfrac{\pi}{2}$

(3) $c=4$　(4) $c=\dfrac{1}{\log 2}$

179 [(1) $f(x)$ は閉区間 $[0,\ 3]$ で連続，開区
間 $(0,\ 3)$ で微分可能，$f(0)=f(3)=0$
よって，平均値の定理から。実際 $f'(2)=0$
(2) $f(0)=f(2\pi)=1,\ f'(\pi)=0$
(3) $f\left(\dfrac{1}{2}\right)=f(2)=\dfrac{5}{2},\ f'(1)=0$
(4) $f\left(-\dfrac{1}{2}\right)=f\left(\dfrac{1}{2}\right)=\dfrac{\sqrt{3}}{2},\ f'(0)=0$]

180 (1) $c=\sqrt{2}$　(2) $c=\log\dfrac{e^2-1}{2}$

181 (1) 0 (2) 1 (3) 1 (4) 3
[(1) $f(x)=\cos x$　(2) $f(x)=\sin x$
(3) $f(x)=e^x$　(4) $f(x)=\log x$
$x\{\log(x+3)-\log x\}=\dfrac{3x}{c}$
$x\to\infty$ であるから，$x>0$ と考えて
$\dfrac{3x}{x+3}<\dfrac{3x}{c}<\dfrac{3x}{x}\ (x\to\infty)$]

182 [(1) $0<\alpha<\beta<\dfrac{\pi}{2}$ から

$\dfrac{\sin\beta-\sin\alpha}{\beta-\alpha}=\cos c<1,\ \alpha<c<\beta$

(2) $\dfrac{p^n-q^n}{p-q}=nc^{n-1},\ q<c<p\,;\ c^{n-1}<p^{n-1}$

(3) $\dfrac{b\log b-a\log a}{b-a}=\log c+1,\ a<c<b\,;$

$\dfrac{1}{e^2}<a<c<b<1$]

183 $k\alpha$

$\left[k\neq0\text{ のとき，}\dfrac{f(x+k)-f(x)}{x+k-x}=f'(c),\right.$
$x<c<x+k\text{ または }x+k<c<x$
$\left.\lim_{x\to\infty}\{f(x+k)-f(x)\}=\lim_{c\to\infty}kf'(c)\right]$

184 $\left[b-a=h\text{ から }\quad b=a+h\right.$

$\dfrac{c-a}{b-a}=\theta\text{ から }\quad c=a+\theta(b-a)=a+\theta h\Big]$

185 (1) 単調に増加

(2) $0\leqq x\leqq1,\ 2\leqq x$ で単調に増加；
$x\leqq0,\ 1\leqq x\leqq2$ で単調に減少

(3) $-\sqrt{2}\leqq x\leqq\sqrt{2}$ で単調に増加；
$-2\leqq x\leqq-\sqrt{2},\ \sqrt{2}\leqq x\leqq2$ で単調に減少

(4) $-1\leqq x\leqq1$ で単調に増加；
$x\leqq-1,\ 1\leqq x$ で単調に減少

(5) 単調に増加

(6) 単調に増加

(7) 単調に減少

(8) $0\leqq x\leqq\dfrac{\pi}{3},\ \dfrac{5}{3}\pi\leqq x\leqq2\pi$ で単調に増加；

$\dfrac{\pi}{3}\leqq x\leqq\dfrac{5}{3}\pi$ で単調に減少

$\left[(3)\text{ 定義域は }-2\leqq x\leqq2,\ y'=\dfrac{-2(x^2-2)}{\sqrt{4-x^2}}\right.$

(5) $y'=\left\{3^x+\left(\dfrac{1}{3}\right)^x\right\}\log 3>0$

(8) $y'=-\sin^2 x+(1+\cos x)\cos x$
$=2\cos^2 x+\cos x-1$]

186 (1) $x=\pm1$ で極大値 3，
$x=0$ で極小値 2

(2) $x=3$ で極大値 $\dfrac{27}{e^3}$

(3) $x=-\sqrt{3}$ で極大値 $\dfrac{\sqrt{3}}{2}$，

$x=\sqrt{3}$ で極小値 $-\dfrac{\sqrt{3}}{2}$

(4) $x=e$ で極大値 $\dfrac{1}{e}$

187 (1) $x=\dfrac{3}{2}$ で極大値 $\dfrac{25}{4}$，

$x=2$ で極小値 6，
$x=-2$ で極小値 -6

(2) $x=-\dfrac{4}{3}$ で極大値 $\dfrac{10\sqrt{15}}{9}$，

$x=2$ で極小値 0
[増減表をかく。参考図参照]

(1) ［参考図］　(2) ［参考図］

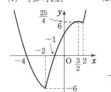

188 (1) (ア) $2 \leqq x$ で単調に増加，

$0 < x \leqq 2$ で単調に減少

(イ) $x \geqq -\dfrac{5}{2}$ で単調に増加，

$x \leqq -\dfrac{5}{2}$ で単調に減少

(2) (ア) $x = 0$ で極大値 5，

$x = \pm 3$ で極小値 -4

(イ) $x = -\dfrac{8}{3}$ で極大値 $\dfrac{16\sqrt{3}}{9}$，

$x = 0$ で極小値 0

189 単調に増加

$\left[y = \left(\dfrac{1}{x}\right)^{\frac{1}{x}} \text{ の両辺の自然対数をとって微分する} \right]$

190 (1) $x = 0$ で極大値 1

(2) $x = \pm \dfrac{\sqrt{2}}{2}$ で極大値 $\dfrac{1}{2}$，

$x = 0$ で極小値 0

(3) 極値なし

(4) $x = -\dfrac{1}{2}$ で極大値 $\dfrac{9}{4}e^{-2}$，

$x = \dfrac{4}{5}$ で極小値 $-e^{\frac{16}{5}}$

(5) $x = -3$ で極大値 0，

$x = -\dfrac{13}{5}$ で極小値 $-\dfrac{3\sqrt[3]{20}}{25}$

$\Big[(2) \quad -1 \leqq x < 0 \text{ のとき } y = -x\sqrt{1-x^2}, $

$0 \leqq x \leqq 1 \text{ のとき } y = x\sqrt{1-x^2}$

(5) $y' = \dfrac{5x+13}{3\sqrt[3]{x+3}} \quad (x \neq -3)$

$x = -\dfrac{13}{5}$ と $x = -3$ の前後を調べる $\Big]$

191 (1) $a = 4,\ b = 4$　(2) $a = -5,\ b = 10$

$[y = f(x) \text{ とおくと } f(1) = 5,\ f'(1) = 0]$

192 $a = 0$ $[f'(-1) = 0]$

193 $a = \dfrac{1}{2}$

$\Big[y' = \dfrac{x^2 - 2a}{x^2} ;$

$a < 0 \text{ のとき，} y' = 0 \text{ は実数解をもたない。}$

$a = 0 \text{ のとき，} y = x \text{ となり極値をもたない。}$

$a > 0 \text{ のとき，} x = \sqrt{2a} \text{ で極小となるから}$

$\sqrt{2a} + \dfrac{2a}{\sqrt{2a}} = 2 \Big]$

194 (1) $a > -9$　(2) $-1 < a < 1$

$\Big[(1) \quad f'(x) = \dfrac{x^2 - 6x - a}{(x-3)^2}$

$x^2 - 6x - a = 0$ が $x = 3$ 以外の異なる 2 つの実数

解をもち，その解の前後で $x^2 - 6x - a$ の符号が

変わる条件。

(2) $f'(x) = \dfrac{e^{ax}}{(x^2+1)^2}(ax^2 - 2x + a)$

$a = 0$ または $ax^2 - 2x + a = 0$ が異なる 2 つの実

数解をもち，その解の前後で $ax^2 - 2x + a$ の符

号が変わる条件 $\Big]$

195 (1) $x = 2$ で最大値 1，

$x = 0$ で最小値 -1

(2) $x = \dfrac{3\sqrt{2}}{2}$ で最大値 $\dfrac{9}{2}$，

$x = -\dfrac{3\sqrt{2}}{2}$ で最小値 $-\dfrac{9}{2}$

(3) $x = 0,\ 2\pi$ で最大値 4；

$x = \pi$ で最小値 -4

(4) $x = 0,\ \dfrac{3}{2}\pi,\ 2\pi$ で最大値 1；

$x = \dfrac{\pi}{2},\ \pi$ で最小値 -1

(5) $x = 3$ で最大値 $\log\dfrac{10}{3}$，

$x = 1$ で最小値 $\log 2$

196 $x = \dfrac{3}{2}$ で最大値 $\dfrac{3\sqrt{3}}{4}$ ；

$x = 0,\ 2$ で最小値 0

197 (1) 1 辺の長さが 4 の正方形

(2) 1 辺の長さが 4 の正方形

(3) 1 辺の長さが $4\sqrt{2}$ の正方形

(4) 直径が 4，高さが 4 の直円柱

(5) 直径が $4\sqrt{2}$，高さが $4\sqrt{2}$ の直円柱

198 (1) $x = 1 + \sqrt{2}$ で最大値 $\dfrac{\sqrt{2}-1}{2}$，

$x = 1 - \sqrt{2}$ で最小値 $-\dfrac{\sqrt{2}+1}{2}$

(2) $x = \dfrac{3\sqrt{2}}{2}$ で最大値 $3\sqrt{2}$，

$x = -3$ で最小値 -3

(3) 最大値はなし，$x = \dfrac{1}{e}$ で最小値 $-\dfrac{1}{e}$

(4) 最大値はなし，

$x=\dfrac{1}{3}\log 2$ で最小値 $\dfrac{3}{\sqrt[3]{4}}$

(5) 最大値はなし，$x=1$ で最小値 $3\sqrt{2}$

(6) 最大値はなし，$x=0$ で最小値 0

$\left[(1)\ \ y'=\dfrac{-(x^2-2x-1)}{(x^2+1)^2}\right.$

$x=1\pm\sqrt{2}$ で極値をとる。

$\displaystyle\lim_{x\to\infty} y=0,\ \lim_{x\to\infty} y=0$

(2) 定義域は $-3\leqq x\leqq 3$

$y'=\dfrac{\sqrt{9-x^2}-x}{\sqrt{9-x^2}}$　$x=\dfrac{3\sqrt{2}}{2}$ で極値をとる。

(5) $y'=\dfrac{x}{\sqrt{x^2+1}}+\dfrac{x-3}{\sqrt{(x-3)^2+4}}$

$y'=0$ とすると

$x\sqrt{(x-3)^2+4}=-(x-3)\sqrt{x^2+1}$

これを解くと　$x=1$（$x=-3$ は不適）

$\displaystyle\lim_{x\to\infty} y=\infty,\ \lim_{x\to-\infty} y=\infty$

(6) $x>0$ のとき　$y'=(x+1)e^x>0$

$x<0$ のとき　$y'=-(x+1)e^x$

$x=-1$ で極値をとる。

$x=0$ では，微分可能でないが連続。

$\displaystyle\lim_{x\to\infty} y=\infty,\ y\geqq 0$ $\Big]$

199　$a=-\dfrac{1}{2},\ b=-2$ ；

$x=-\dfrac{1}{2}$ で最大値 $\dfrac{3}{2}$

$\left[f'(2)=0,\ f(2)=-1\right]$

200　$a=\pm 2$

$\Big[y=f(x)$ とおく。

$a>0$ のとき，$f\left(-\dfrac{\pi}{6}\right)<f\left(\dfrac{\pi}{2}\right)$ であるから，最

大値 $f\left(\dfrac{\pi}{2}\right)=\dfrac{\pi a}{2}$,

$a<0$ のとき最大値 $f\left(-\dfrac{\pi}{2}\right)=-\dfrac{\pi a}{2}\Big]$

201　12

[条件を満たす直線は，負の数 m を用いて，

$y-3=m(x-2)$ とおける。

$S=\dfrac{1}{2}\left(2-\dfrac{3}{m}\right)(3-2m)\Big]$

202　1辺の長さが $2\sqrt{3}$ の正三角形

[O は円の中心，AB=AC，$\angle$BAO$=\theta$

$\left(0<\theta<\dfrac{\pi}{2}\right)$，$\triangle$ABC$=S$ とすると

$S=\dfrac{2(1+\sin\theta)^2}{\sin 2\theta}$

$S'=\dfrac{4(1+\sin\theta)(2\sin\theta-1)(\sin\theta+1)}{\sin^2 2\theta}\Big]$

203　P$(\sqrt{3},\ 0)$，$\theta=\dfrac{\pi}{6}$

[まず，$\tan\theta$ を x で表す。$\tan\theta$ が最大となる点 P の座標を求めればよい]

204　(1) $x<\dfrac{2}{3}$ で上に凸，$\dfrac{2}{3}<x$ で下に凸，

変曲点 $\left(\dfrac{2}{3},\ -\dfrac{16}{27}\right)$

(2) $x<1$ で上に凸，$1<x$ で下に凸，

変曲点 $(1,\ e^{-2})$

(3) $0<x<\dfrac{\pi}{6},\ \dfrac{5}{6}\pi<x<\pi$ で上に凸 ；

$\dfrac{\pi}{6}<x<\dfrac{5}{6}\pi$ で下に凸 ；

変曲点 $\left(\dfrac{\pi}{6},\ \dfrac{18+\pi^2}{36}\right),\ \left(\dfrac{5}{6}\pi,\ \dfrac{18+25\pi^2}{36}\right)$

205　(1) $x=2,\ y=2x$

(2) $x=-1,\ y=x-1$

(3) $y=x$

$\Big[(1)\ \displaystyle\lim_{x\to 2\pm 0} y=\mp\infty,\ \lim_{x\to\pm\infty}(y-2x)=0$

(2) $y=x-1+\dfrac{1}{x+1},\ \displaystyle\lim_{x\to-1\pm 0} y=\pm\infty,$

$\displaystyle\lim_{x\to\pm\infty}(y-x+1)=0\Big]$

(3) $\displaystyle\lim_{x\to-\infty}(y-x)=0\Big]$

206　(1)～(4)　[図]

(1)

(2)

(3)　(4)
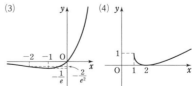

207　(1) $x=0$ で極大値 1，$x=\pm 1$ で極小値 0

(2) $x=\dfrac{\pi}{4}$ で極大値 $\dfrac{\sqrt{2}}{2}e^{\frac{\pi}{4}}$,

$x=\dfrac{5}{4}\pi$ で極小値 $-\dfrac{\sqrt{2}}{2}e^{\frac{5}{4}\pi}$

$\big[(1)\ y'=4x(x+1)(x-1),\ y''=12x^2-4$

(2) $y'=e^x(\cos x-\sin x),\ y''=-2e^x\sin x\big]$

208 (1)～(3) 〔図〕

[(1) $x<-1$, $1<x$ で上に凸；

$-1<x<1$ で下に凸；

変曲点 $(-1, \log 2)$, $(1, \log 2)$

(2) $x>0$ で下に凸，変曲点はなし

(3) $x<-\dfrac{\sqrt{6}}{2}$, $\dfrac{\sqrt{6}}{2}<x$ で下に凸；

$-\dfrac{\sqrt{6}}{2}<x<\dfrac{\sqrt{6}}{2}$

で上に凸；変曲点

$\left(-\dfrac{\sqrt{6}}{2}, \dfrac{1}{\sqrt{e}}\right)$,

$\left(\dfrac{\sqrt{6}}{2}, \dfrac{1}{\sqrt{e}}\right)$]

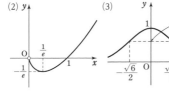

209 (1) $y=3$, $y=-3$

(2) $y=4x-\dfrac{1}{2}$, $y=2x+\dfrac{1}{2}$

[(1) すべての実数 x の値で連続であるから，x 軸に垂直な漸近線はない。

$\displaystyle\lim_{x\to\infty}\frac{3x}{\sqrt{x^2+2}}=3$,

$\displaystyle\lim_{x\to-\infty}\frac{3x}{\sqrt{x^2+2}}=\lim_{x\to-\infty}\frac{3}{-\sqrt{1+\frac{2}{x^2}}}=-3$

(2) 定義域 ($x\leqq-1$, $2\leqq x$) で，この関数は連続であるから，x 軸に垂直な漸近線はない。

$\displaystyle\lim_{x\to\infty}\frac{y}{x}=\lim_{x\to\infty}\left(3+\sqrt{1-\frac{1}{x}-\frac{2}{x^2}}\right)=4$,

$\displaystyle\lim_{x\to\infty}(y-4x)=\lim_{x\to\infty}(\sqrt{x^2-x-2}-x)$

$=\displaystyle\lim_{x\to\infty}\frac{-x-2}{\sqrt{x^2-x-2}+x}=-\frac{1}{2}$

同様に $\displaystyle\lim_{x\to-\infty}\frac{y}{x}=2$, $\displaystyle\lim_{x\to-\infty}(y-2x)=\frac{1}{2}$]

210 変曲点 $(2, 16)$

[$f(x)=-x^3+6x^2$ とおいて，

$\dfrac{f(2+h)+f(2-h)}{2}=f(2)$ を示す]

211 (1) $0<x<2$, $4<x<5$

(2) $0<x<3$

(3) $x=3$

212 $a<3$ のとき2個，$a\geqq3$ のとき0個

[$y''=(x^2+6x+6+a)e^x$

$a=3$ のときは，$y''=(x+3)^2e^x$ となり，$x=-3$ で $y''=0$ となるが，$x=-3$ の前後で y'' の符号は変化しない]

213 (1)～(7) 〔図〕

[(1) $y'=\dfrac{-(x^2-4)}{(x^2+4)^2}$, $y''=\dfrac{2x(x^2-12)}{(x^2+4)^3}$,

$\displaystyle\lim_{x\to\pm\infty}y=0$

(2) 定義域は $x\neq\pm\sqrt{3}$,

$y'=\dfrac{x^2(x+3)(x-3)}{(x^2-3)^2}$, $y''=\dfrac{6x(x^2+9)}{(x^2-3)^3}$,

$\displaystyle\lim_{x\to-\sqrt{3}+0}y=\infty$, $\displaystyle\lim_{x\to-\sqrt{3}-0}y=-\infty$,

$\displaystyle\lim_{x\to\sqrt{3}+0}y=\infty$, $\displaystyle\lim_{x\to\sqrt{3}-0}y=-\infty$,

$\displaystyle\lim_{x\to\pm\infty}\frac{y}{x}=1$, $\displaystyle\lim_{x\to\pm\infty}(y-x)=0$

(3) 定義域は $x\geqq-1$,

$y'=\dfrac{3x}{2\sqrt{x+1}}$, $y''=\dfrac{3(x+2)}{4(x+1)\sqrt{x+1}}$, $\displaystyle\lim_{x\to\infty}y=\infty$

(4) $y'=\dfrac{5x}{3\sqrt[3]{x-2}}$, $y''=\dfrac{10(x-3)}{9(x-2)\sqrt[3]{x-2}}$,

$\displaystyle\lim_{x\to\infty}y=\infty$, $\displaystyle\lim_{x\to-\infty}y=-\infty$

(5) 定義域は $x\neq0$,

$y'=-\dfrac{1}{x^2}e^{\frac{1}{x}}$, $y''=\dfrac{2x+1}{x^4}e^{\frac{1}{x}}$,

$\displaystyle\lim_{x\to+0}y=\infty$, $\displaystyle\lim_{x\to-0}y=0$,

$\displaystyle\lim_{x\to\infty}y=1$, $\displaystyle\lim_{x\to-\infty}y=1$

(6) $y'=\sqrt{2}\,e^x\sin\left(x+\dfrac{\pi}{4}\right)$, $y''=2e^x\cos x$

(7) $y'=-4(1+\cos x)\sin x$,

$y''=-4(\cos x+1)\times(2\cos x-1)$]

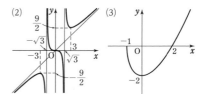

(4) 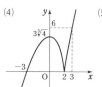 (5)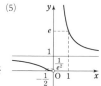

(6) 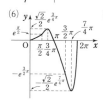 (7)

214　$a=0$, $b=-1$, $c=3$
$[\,x=1$ のとき　$y'=0$
$x=0$ のとき　$y''=0$, $y=3$
逆の吟味を忘れずにする$]$

215　$\Big[(1)\ f(x)=\dfrac{1}{e^x}-(1-x)$ とおくと
$f'(x)=-\dfrac{1}{e^x}+1>0\ (x>0)$
$f(x)>f(0)=0\ (x>0)$
(2)　$f(x)=\dfrac{1+x}{2}-\log(1+x)$ とおくと
$f'(x)=\dfrac{1}{2}-\dfrac{1}{1+x}$
$x=1$ で最小値 $1-\log2>0$ をとる$]$

216　(1)　2 個　(2)　1 個　(3)　2 個
$[(1)\ f(x)=x^4+6x^2-5$ とおくと
$f'(x)=4x(x^2+3)$, $f(0)=-5<0$
$f(1)=2>0$, $f(-1)=2>0$　(2), (3) も同様$]$

217　(2)　2 個
$[(1)\ f(x)=e^x-ex$ とおくと　$f'(x)=e^x-e$
$x>1$ のとき $f'(x)>0$　また $f(1)=0$
(2)　$f(x)=x-4\log x$ とすると $f(x)$ は
$x=4$ で極小で $f(4)<0$,
$x>4$ で $f'(x)>0$, $0<x<4$ で $f'(x)<0$
$\lim\limits_{x\to+0}f(x)=\infty$, $\lim\limits_{x\to\infty}f(x)=\infty\,]$

218　$[(1)\ f(x)=\sin x-\Big(x-\dfrac{x^2}{2}\Big)$ とおくと
$f(0)=0$　また, $f'(0)=0$, $f''(x)\geqq0$ から
$f'(x)>0\ (x>0)$
(2)　$f(x)=\sqrt{1+x}-\Big(1+\dfrac{1}{2}x-\dfrac{1}{8}x^2\Big)$ とおくと
$f(0)=0$　また, $f'(0)=0$, $f''(x)>0$ から
$f'(x)>0\ (x>0)\,]$

219　$\Big[(1)\ f(x)=\log x-\log a-\dfrac{2(x-a)}{x+a}\ (x>0)$
とおくと　$f'(x)=\dfrac{(x-a)^2}{x(x+a)^2}\geqq0$
$f(a)=0$ から $x\geqq a$ で　$f(x)\geqq0$
ゆえに, $b\geqq a$ のとき　$f(b)\geqq0$
(2)　$f(x)=\dfrac{\sin x}{x}\ (x>0)$ とおくと
$f'(x)=\dfrac{x\cos x-\sin x}{x^2}$
$g(x)=x\cos x-\sin x$ とおくと
$g(x)$ は $0<x\leqq\dfrac{\pi}{2}$ で単調に減少し常に負。
ゆえに　$f'(x)<0$　　よって　$f(\alpha)>f(\beta)\,]$

220　$a\leqq\dfrac{e^3}{27}$
$\Big[\,f(x)=\dfrac{e^x}{x^3}\ (x>0)$ とおき, $f(x)$ の最小値を調べる$]$

221　(1)　$a<1$ のとき 1 個,
$a=1$ のとき 2 個, $1<a$ のとき 3 個
(2)　$a<-1$ のとき 0 個, $a=-1$ のとき 1 個,
$-1<a\leqq0$ のとき 2 個, $0<a$ のとき 1 個
(3)　$a<-\dfrac{2}{\sqrt{e}}$ のとき 0 個;
$a=-\dfrac{2}{\sqrt{e}}$, $a\geqq0$ のとき 1 個;
$-\dfrac{2}{\sqrt{e}}<a<0$ のとき 2 個
$\Big[(1)\ f(x)=\dfrac{x^3+2}{3x}$ とすると, 極小値
$f(1)=1$, $\lim\limits_{x\to\pm\infty}f(x)=\infty$
(2)　$f(x)=x-2\sqrt{x}$ とすると $x\geqq0$ において
$f(0)=0$, 最小値 $f(1)=-1$, $\lim\limits_{x\to\infty}f(x)=\infty$
(3)　$f(x)=(2x-1)e^x$ とおくと
$\lim\limits_{x\to-\infty}f(x)=0$, 最小値 $f\Big(-\dfrac{1}{2}\Big)=-\dfrac{2}{\sqrt{e}}$,
$\lim\limits_{x\to\infty}f(x)=\infty\,]$

222　$[(③$ を利用する)
$f(x)=\sqrt{x}-\log x$ とおくと, $x>4$ のとき
$f'(x)=\dfrac{\sqrt{x}-2}{2x}>0$
$f(4)>0$ より　$f(x)\geqq f(4)>0$
$\sqrt{x}>\log x$ より　$\dfrac{x}{\log x}>\sqrt{x}\,]$

223　速度 44, 加速度 24

224 (1) -3, 12 (2) $\dfrac{5-\sqrt{13}}{3}$ 秒後

225 速さ，加速度の大きさの順に

(1) $2\sqrt{1+t^2}$, 2 (2) 1, 1

226 速度 -30 m/s，加速度 -10 m/s^2

$\left[\; x=30t-5t^2, \dfrac{dx}{dt}=30-10t, \dfrac{d^2x}{dt^2}=-10 \right.$

$x=0$ のとき $30t-5t^2=0$ から $t=0$, 6

$t=6$ のときの $\dfrac{dx}{dt}$, $\dfrac{d^2x}{dt^2}$ の値を求める $\Big]$

227 順に $\dfrac{1}{3\pi}$ cm/s, 1 cm^2/s

$\left[\; V=\dfrac{1}{3}\pi r^2 h, h=2r \text{ から } V=\dfrac{\pi}{12}h^3 \right.$

$\dfrac{dV}{dt}=\dfrac{\pi}{4}h^2\dfrac{dh}{dt}, \dfrac{dV}{dt}=3$

また $S=\pi r^2=\dfrac{\pi}{4}h^2 \Big]$

228 5 m/s

[時刻 t 秒のとき，船の岸からの距離を x m，綱の長さを y m とすると

$\dfrac{dy}{dt}=-4$, $x^2+30^2=y^2$, $y=58-4t$

これから $\dfrac{dx}{dt}$ を求める $\Big]$

229 (1) $\dfrac{1}{2}a^2\omega\cos\omega t$ (2) $a\omega\cos\dfrac{\omega t}{2}$

$[\angle \text{AOP}=\omega t$ であるから

$\triangle\text{OAP}=\dfrac{1}{2}a^2\sin\omega t$, $\text{AP}=2a\sin\dfrac{\omega t}{2} \Big]$

230 $t=\dfrac{2n-1}{\omega}\pi$ （n は整数）のとき最大値 $2a\omega$

$[\,|\vec{v}|^2=2a^2\omega^2(1-\cos\omega t)\,]$

231 (1) $1+5x$ (2) $1+x$ (3) $2x$

(4) $\dfrac{1}{2}+\dfrac{\sqrt{3}}{2}x$

$[(1)\ f(x)=(1+x)^5,\ f'(x)=5(1+x)^4$

$f(x)\fallingdotseq f(0)+f'(0)x=1+5x$

(2) $f(x)=\dfrac{1}{1-x}$, $f'(x)=\dfrac{1}{(1-x)^2}$

$f(x)\fallingdotseq f(0)+f'(0)x=1+x$

(3) $f(x)=\log(1+2x)$, $f'(x)=\dfrac{2}{1+2x}$

$f(x)\fallingdotseq f(0)+f'(0)x=2x$

(4) $f(x)=\sin\left(\dfrac{\pi}{6}+x\right)$, $f'(x)=\cos\left(\dfrac{\pi}{6}+x\right)$

$f(x)\fallingdotseq f(0)+f'(0)x=\dfrac{1}{2}+\dfrac{\sqrt{3}}{2}x \Big]$

232 (1) 0.470 (2) 10.012

$\left[(1)\ \cos\left(\dfrac{\pi}{3}+\dfrac{\pi}{90}\right)\fallingdotseq\cos\dfrac{\pi}{3}-\dfrac{\pi}{90}\sin\dfrac{\pi}{3} \right.$

(2) $\sqrt[3]{1003.5}=\sqrt[3]{1000+3.5}\fallingdotseq\sqrt[3]{1000}+\dfrac{1}{300}\cdot 3.5 \Big]$

233 順に x, 0.508

$[\sin x\fallingdotseq\sin 0+x\cos 0$

$\sin\left(\dfrac{\pi}{6}+\dfrac{\pi}{360}\right)\fallingdotseq\sin\dfrac{\pi}{6}+\dfrac{\pi}{360}\cos\dfrac{\pi}{6} \Big]$

234 表面積約 3 %，体積約 4.5 %

[球の半径を r，表面積を S，体積を V とする。

仮定から $\dfrac{\Delta r}{r}=0.015$

これを用いて $\dfrac{\Delta S}{S}$, $\dfrac{\Delta V}{V}$ を求める。

$\Delta S\fallingdotseq 8\pi r\Delta r$, $\Delta V\fallingdotseq 4\pi r^2\Delta r \Big]$

235 (1) 1.115 (2) 1.995

$\left[(1)\ x=\dfrac{\pi}{3}+h, \sin\left(\dfrac{\pi}{3}+h\right)\fallingdotseq\dfrac{\sqrt{3}}{2}+\dfrac{h}{2}=0.9 \right]$

236 0.99, 3.01

$[f(x)=(x-1)(x-3)$ とおき，$f(x)=0.02$ の解を $x=1+h$, $3+k$ とすると

$f(1+h)\fallingdotseq f(1)+hf'(1)$,

$f(3+k)\fallingdotseq f(3)+kf'(3) \Big]$

237 $a>16$

$\left[f'(x)=\dfrac{2x^4-(a-4)x^2+a+2}{(x^2+1)^2} \right.$

$x^2=t$ とおく。

$2t^2-(a-4)t+a+2=0$ が異なる 2 つの正の解をもつ条件は

$(a-4)^2-4\cdot 2(a+2)>0$,

$\dfrac{a-4}{2}>0$, $\dfrac{a+2}{2}>0 \Big]$

238 $a=3$

$\left[f'(x)=\dfrac{a(2\cos x+1)}{(\cos x+2)^2} \right.$

$a=0$ のとき $f(x)=0$

$a>0$ のとき $x=\dfrac{2}{3}\pi$ で最大値 $\dfrac{a}{\sqrt{3}}=\sqrt{3}$

$a<0$ のとき $x=0$, π で最大値 $0 \Big]$

239 12 km

[船がある地点を P，上陸すべき地点を H，$\text{AH}=x$ (km)，P から出発して B にたどりつくまでの時間を y (h) とすると

$y=\dfrac{\sqrt{x^2+9^2}}{4}+\dfrac{15-x}{5}$

240 [数学的帰納法で証明。

$f_n(x)=e^x-\left(1+\dfrac{x}{1!}+\dfrac{x^2}{2!}+\cdots\cdots+\dfrac{x^n}{n!}\right)$

とおくと $\{f_{k+1}(x)\}'=f_k(x),\ f_{k+1}(0)=0$]

241 (1), (2) ［図］

［$x\geqq0,\ y\geqq0$ のとき

(1) $y'=\dfrac{2(2-x^2)}{\sqrt{4-x^2}},\ y''=\dfrac{2x(x^2-6)}{\sqrt{(4-x^2)^3}}$

(2) $y'=-\left(\dfrac{y}{x}\right)^{\frac{1}{3}}<0,\ y''=\dfrac{1}{3x^{\frac{4}{3}}y^{\frac{1}{3}}}>0$ ］

(1)   (2)

242 ［図］

［$(e^t+e^{-t})^2$
$=(e^t-e^{-t})^2+4$
$=x^2+4$
$e^t+e^{-t}>0$ から
$e^t+e^{-t}=\sqrt{x^2+4}$
よって
$y=(e^t+e^{-t})^3-3(e^t+e^{-t})$
$=(x^2+1)\sqrt{x^2+4}$]

243 (1) $e^\pi>\pi^e$ (2) (ア) e (イ) $<$ (ウ) $>$

(3) $2^\pi<\pi^2$

［(1) $f(e)$ と $f(\pi)$ の大小関係を考える。

(2) $f(x)$ の増減を考える。

(3) $(2^\pi)^2=4^\pi,\ (\pi^2)^2=\pi^4$]

244 積分定数をCとする (以下，この断り書き
を省略する)。

(1) $-\dfrac{1}{5x^5}+C$ (2) $\dfrac{5}{7}t^{\frac{7}{5}}+C$

(3) $\dfrac{4}{7}x^4\sqrt[4]{x^3}+C$ (4) $\dfrac{3}{2}\sqrt[3]{x^2}+C$

245 (1) $x^2-3x+2\log|x|-\dfrac{1}{2x^2}+C$

(2) $\dfrac{2}{3}x\sqrt{x}-6x+24\sqrt{x}-8\log x+C$

246 (1) $-\cos x-\tan x+C$

(2) $4\tan x-x+C$

247 (1) $2e^x-\dfrac{x^3}{3}+C$

(2) $\dfrac{2^x}{\log2}-\log|x|+C$

248 (1) $\dfrac{2}{5}x^2\sqrt{x}-2\sqrt{x}+C$

(2) $\tan x-\log|x|+C$

(3) $2\log|x|+e^x-\sin x+C$

(4) $-\dfrac{2}{\tan t}-2t+C$

249 (1) $\tan x-\dfrac{4}{\tan x}-9x+C$

(2) $x+\cos x+C$

(3) $\dfrac{3^{2x}}{2\log3}+\dfrac{3^x}{\log3}+x+C$

［(1) $\tan^2x-4+\dfrac{4}{\tan^2x}$

$=\left(\dfrac{1}{\cos^2x}-1\right)-4+4\left(\dfrac{1}{\sin^2x}-1\right)$

(2) $\dfrac{1-\sin^2x}{1+\sin x}=1-\sin x$

(3) $\dfrac{(3^x)^3-1}{3^x-1}=3^{2x}+3^x+1$]

250 (1) $\dfrac{1}{12}(3x-1)^4+C$

(2) $\dfrac{1}{3}(2x+5)\sqrt{2x+5}+C$

(3) $2\log|2x+3|+C$

(4) $-\dfrac{1}{2}\cos(2x-3)+C$

(5) $\dfrac{1}{2}e^{2x+1}+C$

(6) $\dfrac{2}{\log5}5^{\frac{x}{2}}+C$

251 (1) $\dfrac{2}{15}(3x-4)(x+2)\sqrt{x+2}+C$

(2) $\dfrac{2}{35}(x-3)(5x^2+12x+24)\sqrt{x-3}+C$

(3) $\dfrac{4}{3}(x-6)\sqrt{x+3}+C$

252 (1) $\dfrac{(x^2+1)^4}{4}+C$

(2) $\dfrac{\sin^6x}{6}+C$

(3) $\log|\log x|+C$

253 (1) $\log|x^2+3x+1|+C$

(2) $\log|\sin x|+C$

(3) $\log(e^x+3)+C$

254 (1) $\dfrac{1}{3}\sin(3x+1)+C$

(2) $\dfrac{2}{5}(x-2)^2\sqrt{x-2}-8\sqrt{x-2}+C$

(3) $\log(e^x+e^{-x})+C$

255 (1) $2\sqrt{\sin x+2}+C$

(2) $\dfrac{1}{2}\log(e^{2x}+1)+C$

(3) $\log|\log x+1|+\dfrac{1}{\log x+1}+C$

(4) $\dfrac{\tan^3 x}{3}+\tan x+C$

$\left[\begin{array}{l}(1)\ \displaystyle\int\dfrac{(\sin x+2)'}{\sqrt{\sin x+2}}dx \\[2mm] (2)\ e^x=t\ \text{とおく。} \\[1mm] (3)\ \log x+1=t\ \text{とおく。} \\[2mm] (4)\ \dfrac{1}{\cos^4 x}=\dfrac{1}{\cos^2 x}(1+\tan^2 x) \\[2mm] \tan x=t\ \text{とおくと}\quad \dfrac{dt}{dx}=\dfrac{1}{\cos^2 x}\end{array}\right]$

256 $\log(\sqrt{x^2+1}+x)+C$

$\left[\begin{array}{l}\dfrac{dt}{dx}=1+\dfrac{x}{\sqrt{x^2+1}}=\dfrac{t}{\sqrt{x^2+1}} \\[3mm] \text{よって}\quad \dfrac{1}{t}dt=\dfrac{1}{\sqrt{x^2+1}}dx\quad \text{また}\quad t>0\end{array}\right]$

257 (1) $\dfrac{1}{2}x\sin 2x+\dfrac{1}{4}\cos 2x+C$

(2) $(x-1)e^x+C$

(3) $\dfrac{1}{16}x^4(4\log x-1)+C$

(4) $x\log 3x-x+C$

$\left[\begin{array}{l}(1)\ \dfrac{1}{2}\displaystyle\int x(\sin 2x)'\,dx \\[3mm] =\dfrac{1}{2}x\sin 2x-\dfrac{1}{2}\displaystyle\int\sin 2x\,dx \\[3mm] (2)\ \displaystyle\int x(e^x)'\,dx=xe^x-\displaystyle\int e^x\,dx \\[3mm] (3)\ \dfrac{1}{4}\displaystyle\int (x^4)'\log x\,dx \\[3mm] =\dfrac{1}{4}x^4\log x-\dfrac{1}{4}\displaystyle\int x^4\cdot\dfrac{1}{x}\,dx \\[3mm] (4)\ \displaystyle\int (x)'\log 3x\,dx\end{array}\right]$

258 (1) $-\dfrac{1}{4}(2x+1)e^{-2x}+C$

(2) $(x+3)\log(x+3)-x+C$

$\left[\begin{array}{l}(1)\ -\dfrac{1}{2}\displaystyle\int x(e^{-2x})'\,dx \\[3mm] (2)\ \displaystyle\int (x+3)'\log(x+3)\,dx\end{array}\right]$

259 (1) $x^2\sin x+2x\cos x-2\sin x+C$

(2) $\dfrac{e^{2x}}{4}(2x^2-2x+1)+C$

[部分積分法を 2 回用いる]

260 (1) $\dfrac{1}{2}(x^2-3)\log(x^2-3)-\dfrac{1}{2}x^2+C$

(2) $\dfrac{x^3+6x^2+12x}{3}\log x-\dfrac{1}{9}x^3-x^2-4x+C$

(3) $3(x-1)\log(x-1)-3x+C$

(4) $\dfrac{x^3}{3}(\log x)^2-\dfrac{2}{9}x^3\log x+\dfrac{2}{27}x^3+C$

(5) $x(\log 3x)^2-2x\log 3x+2x+C$

(6) $x(\log x)^3-3x(\log x)^2+6x\log x-6x+C$

$\left[\begin{array}{l}(3)\ 3\displaystyle\int\log(x-1)\,dx \\[2mm] (4)\ \text{部分積分法を 2 回用いる。} \\[2mm] (5)\ \displaystyle\int 1\cdot(\log 3x)^2\,dx=\displaystyle\int x'(\log 3x)^2\,dx\end{array}\right]$

261 (1) $\dfrac{x^2}{2}+x-\log|3x+1|+C$

(2) $\dfrac{x^2}{2}+3x+4\log|x-1|+C$

(3) $\dfrac{x^3}{3}-\dfrac{x^2}{2}+x-\log|x+1|+C$

$\left[(1)\ \dfrac{3x^2+4x-2}{3x+1}=x+1-\dfrac{3}{3x+1}\right]$

262 (1) $\dfrac{1}{2}\log\left|\dfrac{x}{x+2}\right|+C$

(2) $\log|x(x+1)|+C$

(3) $\log\left|\dfrac{x-2}{x-1}\right|+C$

(4) $\log|x-1|-\dfrac{1}{2}\log|2x+1|+C$

(5) $\log|x+1|+\dfrac{1}{2}\log|2x-3|+C$

(6) $3\log|x+1|-2\log|x-1|+C$

$\left[\begin{array}{l}(1)\ \dfrac{1}{x(x+2)}=\dfrac{1}{2}\left(\dfrac{1}{x}-\dfrac{1}{x+2}\right) \\[3mm] (2)\ \dfrac{2x+1}{x(x+1)}=\dfrac{1}{x}+\dfrac{1}{x+1} \\[3mm] (3)\ \dfrac{1}{x^2-3x+2}=\dfrac{1}{x-2}-\dfrac{1}{x-1}\end{array}\right]$

(4)〜(6) も同様]

263 (1) $2e^{2x}-4e^x+x+C$

(2) $\dfrac{1}{3}e^{3x}-6e^x-12e^{-x}+\dfrac{8}{3}e^{-3x}+C$

264 (1) $\dfrac{x}{2}-\dfrac{1}{8}\sin 4x+C$

(2) $\dfrac{3}{8}x-\dfrac{1}{4}\sin 2x+\dfrac{1}{32}\sin 4x+C$

(3) $\dfrac{3}{2}x-\cos 2x-\dfrac{1}{8}\sin 4x+C$

(4) $-\dfrac{1}{10}\cos 5x+\dfrac{1}{6}\cos 3x+C$

(5) $-\dfrac{1}{12}\sin 6x+\dfrac{1}{4}\sin 2x+C$

(6) $\dfrac{1}{16}\sin 8x+\dfrac{1}{4}\sin 2x+C$

$$\left[(1)\quad \sin^2 2x = \frac{1-\cos 4x}{2}\right.$$

$$(2)\quad \sin^4 x = \left(\frac{1-\cos 2x}{2}\right)^2$$

$$=\frac{1}{8}(3-4\cos 2x+\cos 4x)$$

$$(3)\quad (\sin x+\cos x)^4=(1+\sin 2x)^2$$

$$=1+2\sin 2x+\frac{1-\cos 4x}{2}$$

$$\left.(4)\quad \sin x\cos 4x=\frac{1}{2}(\sin 5x-\sin 3x)\right]$$

265 $(1)\quad \dfrac{3}{2}x^2+2\log(x^2+1)+C$

$(2)\quad \dfrac{1}{2}\log\left|\dfrac{x-1}{x+3}\right|+C$

$(3)\quad \dfrac{\sin 7x}{14}+\dfrac{\sin 3x}{6}+C$

266 $(1)\quad 2\log|x+1|+\dfrac{1}{x+1}+C$

$(2)\quad 2\log\left|\dfrac{x}{x+1}\right|-\dfrac{1}{x+1}+C$

$(3)\quad x^2+x+4\log|x+2|+2\log|x-1|$

$$-\frac{5}{x-1}+C$$

$$\left[(1)\quad \frac{2x+1}{(x+1)^2}=\frac{2}{x+1}-\frac{1}{(x+1)^2}\right.$$

$$(2)\quad \frac{3x+2}{x(x+1)^2}=\frac{2}{x}-\frac{2}{x+1}+\frac{1}{(x+1)^2}$$

$$(3)\quad \frac{2x^4+x^3+12}{x^3-3x+2}$$

$$\left.=2x+1+\frac{4}{x+2}+\frac{2}{x-1}+\frac{5}{(x-1)^2}\right]$$

267 $(1)\quad -\dfrac{\cos^5 x}{5}+\dfrac{2}{3}\cos^3 x-\cos x+C$

$(2)\quad -\log|\cos x|+\dfrac{\cos^2 x}{2}+C$

$$\left[(1)\quad -\int(\cos x)'(1-\cos^2 x)^2\,dx\right.$$

$$\left.(2)\quad -\int\frac{(\cos x)'(1-\cos^2 x)}{\cos x}\,dx\right]$$

268 $(1)\quad \dfrac{1}{6}\log\dfrac{1-\cos 3x}{1+\cos 3x}+C$

$(2)\quad \dfrac{1}{4}\left(\log\dfrac{1+\sin x}{1-\sin x}+\dfrac{2\sin x}{\cos^2 x}\right)+C$

$(3)\quad -\dfrac{1}{\tan x}-\dfrac{1}{\sin x}+C$

$(4)\quad \dfrac{\tan^3 x}{3}-\tan x+x+C$

$$\left[(1)\quad \frac{1}{\sin 3x}=\frac{\sin 3x}{\sin^2 3x}=\frac{\sin 3x}{1-\cos^2 3x}\right.$$

$(2)\quad \dfrac{1}{\cos^3 x}=\dfrac{\cos x}{\cos^4 x}=\dfrac{\cos x}{(1-\sin^2 x)^2}$

$\sin x=t$ とおくと $\displaystyle\int\dfrac{dt}{(1-t^2)^2}$

$(3)\quad \dfrac{1}{1-\cos x}=\dfrac{1}{\sin^2 x}+\dfrac{\cos x}{\sin^2 x}$

別解 $\displaystyle\int\dfrac{1}{2\sin^2\dfrac{x}{2}}\,dx=-\dfrac{1}{\tan\dfrac{x}{2}}+C$

ところで $-\dfrac{1}{\tan x}-\dfrac{1}{\sin x}$

$$=-\frac{1-\tan^2\dfrac{x}{2}}{2\tan\dfrac{x}{2}}-\frac{1+\tan^2\dfrac{x}{2}}{2\tan\dfrac{x}{2}}=-\frac{1}{\tan\dfrac{x}{2}}$$

$$(4)\quad \tan^4 x=\tan^2 x\left(\frac{1}{\cos^2 x}-1\right)$$

$$\left.=\frac{\tan^2 x}{\cos^2 x}-\tan^2 x=\frac{\tan^2 x}{\cos^2 x}-\left(\frac{1}{\cos^2 x}-1\right)\right]$$

269 $(1)\quad \dfrac{2}{3}\{(x+1)\sqrt{x+1}+x\sqrt{x}\}+C$

$(2)\quad \dfrac{2}{27}(3x+4)\sqrt{3x+4}+\dfrac{2}{3}x+C$

$(3)\quad \sqrt{2x+1}+\log\left|\dfrac{\sqrt{2x+1}-1}{\sqrt{2x+1}+1}\right|+C$

$(4)\quad \dfrac{2}{45}(3x+1)^2\sqrt{3x+1}-\dfrac{2}{27}(3x+1)\sqrt{3x+1}$

$$+\frac{2}{5}x^2\sqrt{x}+C$$

$$\left[(1)\quad \frac{1}{\sqrt{x+1}-\sqrt{x}}=\sqrt{x+1}+\sqrt{x}\right.$$

$(2)\quad \dfrac{x}{\sqrt{3x+4}-2}=\dfrac{\sqrt{3x+4}+2}{3}$

$(3)\quad \sqrt{2x+1}=t$ とおくと $x=\dfrac{t^2-1}{2}$,

$dx=t\,dt$ から （与式）$=\displaystyle\int\dfrac{t^2+1}{(t^2-1)t}\cdot t\,dt$

$(4)\quad \dfrac{2x^2+x}{\sqrt{3x+1}-\sqrt{x}}=x\sqrt{3x+1}+x\sqrt{x}$

$$=\frac{(3x+1)\sqrt{3x+1}}{3}-\frac{\sqrt{3x+1}}{3}+x\sqrt{x}$$

$$\left.=\frac{1}{3}(3x+1)^{\frac{3}{2}}-\frac{1}{3}(3x+1)^{\frac{1}{2}}+x^{\frac{3}{2}}\right]$$

270 $\dfrac{x}{2}\{\sin(\log x)-\cos(\log x)\}+C$

$[\log x=t$ とおくと $x=e^t$ から $dx=e^t dt$

（与式）$=\displaystyle\int\sin t(e^t)dt$　部分積分法を 2 回用いる

と，同じ形が出てくる$]$

271 $(1)\quad \cos x-\cos x\log(\cos x)+C$

(2) $x\tan x+\log|\cos x|-\dfrac{1}{2}x^2+C$

(3) $-\dfrac{x^3}{9}+\dfrac{x^2}{6}-\dfrac{x}{3}+\dfrac{1}{3}(x^3+1)\log(x+1)+C$

(4) $-\dfrac{1}{3}(9x^2+6x+2)e^{-3x}+C$

$\Big[(1)\ \cos x=t\ とおくと\ -\sin x\,dx=dt$

$（与式）=-\displaystyle\int\log t\,dt=-\Big(t\log t-\int t\cdot\dfrac{1}{t}dt\Big)$

(2) $（与式）=\displaystyle\int x\Big(\dfrac{1}{\cos^2 x}-1\Big)dx$

$=\displaystyle\int x(\tan x)'\,dx-\int x\,dx$

(3) $（与式）=\displaystyle\int\Big(\dfrac{x^3+1}{3}\Big)'\log(x+1)\,dx$

$=\dfrac{x^3+1}{3}\log(x+1)-\displaystyle\int\dfrac{x^3+1}{3(x+1)}dx$

(4) $-3x=t$ とおくと $x=-\dfrac{1}{3}t,\ dx=-\dfrac{dt}{3}$

$（与式）=\displaystyle\int t^2 e^t\Big(-\dfrac{1}{3}\Big)dt\Big]$

272 (1) $\dfrac{e^x}{2}(\sin x+\cos x)+C$

(2) $-\dfrac{1}{2e^x}(\sin x+\cos x)+C$

(3) $\dfrac{3}{13}e^{2x}\sin 3x+\dfrac{2}{13}e^{2x}\cos 3x+C$

$\Big[(2)\ \displaystyle\int e^{-x}\sin x\,dx=\int e^{-x}(-\cos x)'\,dx$

(3) $\displaystyle\int e^{2x}\cos 3x\,dx=\dfrac{1}{3}\int e^{2x}(\sin 3x)'\,dx\Big]$

273 $\displaystyle\int(\log x)^3\,dx$

$=x(\log x)^3-3x(\log x)^2+6x\log x-6x+C$

$\Big[I_{n+1}=\displaystyle\int(x)'(\log x)^{n+1}\,dx$

$=x(\log x)^{n+1}-(n+1)\displaystyle\int(\log x)^n\,dx\Big]$

274 (1) 1 (2) $\dfrac{1}{2}\log 3$ (3) 0 (4) $\sqrt{3}$

(5) $\dfrac{1}{3}e^3-\dfrac{1}{3}$ (6) $\dfrac{1}{\log 2}$

275 (1) $\dfrac{1}{2}+\dfrac{1}{2e^2}$ (2) $\dfrac{11}{2}+4\log 2$

(3) $4\sqrt{2}$ (4) $\log\dfrac{4}{3}$ (5) $\log\dfrac{3}{2}$

(6) $2\sqrt{e}-\dfrac{2}{\sqrt{e}}$

276 (1) $\dfrac{2}{3}$ (2) $\dfrac{3}{5}$ (3) 0 (4) $\dfrac{\pi}{2}$

277 (1) $\dfrac{5}{2}$ (2) 3 (3) $\dfrac{16}{3}$

(4) $e^2+\dfrac{1}{e^2}-2$

278 (1) $\dfrac{3}{2}-\log 2$ (2) $\dfrac{\pi}{16}-\dfrac{1}{8}$

(3) $\dfrac{3}{2}+\dfrac{\sqrt{3}}{2}$

279 (1) $\dfrac{3}{8}\pi$ (2) $\dfrac{\pi}{2}-1$

(3) $3\log 3-2$ (4) $\dfrac{4}{3}(\sqrt{2}-1)$

$\Big[(1)\ \sin^4 x=\Big(\dfrac{1-\cos 2x}{2}\Big)^2$

$=\dfrac{1}{4}-\dfrac{1}{2}\cos 2x+\dfrac{1}{4}\cdot\dfrac{1+\cos 4x}{2}$

(2) $\dfrac{\sin^2 x}{1+\cos x}=\dfrac{1-\cos^2 x}{1+\cos x}=1-\cos x$

(3) $x\leqq 3$ のとき $\sqrt{x^2-6x+9}=3-x$

(4) $\dfrac{1}{\sqrt{x+1}+\sqrt{x}}=\sqrt{x+1}-\sqrt{x}\ \Big]$

280 (1) 1 (2) $\dfrac{4}{3}$ (3) $2\sqrt{2}$

$\Big[(1)\ \displaystyle\int_0^{\frac{\pi}{4}}\cos 2x\,dx-\int_{\frac{\pi}{4}}^{\frac{\pi}{2}}\cos 2x\,dx$

(2) $-\displaystyle\int_{\frac{\pi}{3}}^{\frac{2}{3}\pi}\sin 3x\,dx+\int_{\frac{2}{3}\pi}^{\pi}\sin 3x\,dx$

(3) $\sqrt{2}\displaystyle\int_0^{\frac{3}{4}\pi}\sin\Big(x+\dfrac{\pi}{4}\Big)dx$

$-\sqrt{2}\displaystyle\int_{\frac{3}{4}\pi}^{\pi}\sin\Big(x+\dfrac{\pi}{4}\Big)dx\Big]$

281 (1) $m\neq n$ のとき 0, $m=n$ のとき $\dfrac{\pi}{2}$

(2) $m\neq n$ のとき 0, $m=n$ のとき $\dfrac{\pi}{2}$

(3) $m+n$ が偶数のとき 0,

$\quad m+n$ が奇数のとき $\dfrac{2m}{m^2-n^2}$

$[(3)\ m\neq n$ のとき

$-\dfrac{1}{2}\Big[\dfrac{\cos(m+n)x}{m+n}+\dfrac{\cos(m-n)x}{m-n}\Big]_0^{\pi}$

$m+n$ が偶数, 奇数で場合分け。

$m=n$ のとき $0]$

282 $k=\dfrac{4}{5}$ のとき最小値 $\dfrac{1}{75}$

$\Big[I=\displaystyle\int_0^1 x^2\,dx-2k\int_0^1 x\sqrt{x}\,dx+k^2\int_0^1 x\,dx$

$=\dfrac{1}{3}-\dfrac{4}{5}k+\dfrac{k^2}{2}=\dfrac{1}{2}\Big(k-\dfrac{4}{5}\Big)^2+\dfrac{1}{75}\Big]$

283 (1) 10 (2) $\dfrac{1}{9}$ (3) $\dfrac{1}{3}$

284 (1) 156　(2) $\dfrac{1}{3}\log 3$　(3) $\sqrt{5}-2$

(4) $\dfrac{1}{2}$　(5) $\dfrac{1}{3}(e-1)$　(6) $\dfrac{17}{480}$

[(1) $x^2+1=t$　(2) $x^3-3x^2+1=t$

(3) $x^2+4=t$　(4) $\log x=t$

(5) $x^3=t$　(6) $\sin x=t$ とおくとよい]

285 (1) $\dfrac{9}{4}\pi$　(2) $\dfrac{\pi}{6}$　(3) $\dfrac{\sqrt{2}}{6}\pi$

(4) $\dfrac{\pi}{8}$　(5) $\dfrac{\sqrt{3}}{6}\pi$　(6) $\dfrac{\pi}{18}$

[(1) $x=3\sin\theta$ とおくと

$\displaystyle\int_0^{\frac{\pi}{2}}\sqrt{9(1-\sin^2\theta)}\cdot 3\cos\theta\,d\theta$

$=\dfrac{9}{2}\displaystyle\int_0^{\frac{\pi}{2}}(1+\cos 2\theta)\,d\theta$

(4) $x=2\tan\theta$ とおくと

$\displaystyle\int_0^{\frac{\pi}{4}}\dfrac{1}{4(\tan^2\theta+1)}\cdot\dfrac{2}{\cos^2\theta}\,d\theta=\dfrac{1}{2}\int_0^{\frac{\pi}{4}}d\theta$]

286 (1) $\dfrac{8}{3}$　(2) π　(3) 0

[(1) $2\displaystyle\int_0^1(x^2+1)\,dx$

(2) (奇関数 $\sin x$)×(奇関数 $\sin x$)＝(偶関数)

$\sin^2 x=\dfrac{1-\cos 2x}{2}$ から

$\displaystyle\int_{-\pi}^{\pi}\sin^2 x\,dx=2\int_0^{\pi}\dfrac{1-\cos 2x}{2}\,dx$

(3) (奇関数 x)×(偶関数 $\sqrt{x^2+1}$)＝(奇関数)]

287 (1) $\dfrac{2}{9}$　(2) $2\log\dfrac{e+1}{2}$　(3) $\log\dfrac{3}{2}$

(4) $\dfrac{25}{4}\pi$　(5) $\dfrac{\pi}{20}$　(6) $\dfrac{\pi}{2}$

288 (1) $\dfrac{4}{3}(3+\sqrt{3})$

(2) $\log 2-\log(1+e)+1$　(3) $\dfrac{\pi}{4}$

[(1) $x-2=t$ とおくと　$x=t+2,\ dx=dt$

(与式)$=\displaystyle\int_1^3 2(t+2)t^{-\frac{3}{2}}\,dt$

(2) $1+e^x=t$ とおくと　$e^x=t-1,\ e^x\,dx=dt$

(与式)$=\displaystyle\int_2^{1+e}\dfrac{1}{t}\cdot\dfrac{1}{t-1}\,dt$

(3) $\sqrt{1-(x-1)^2}$ から $x-1=\sin\theta$ とおく]

289 (1) $2\log 2+\dfrac{\pi}{3}$　(2) $\dfrac{\pi}{4}$　(3) $\dfrac{\pi+2}{8a^3}$

[(1) $\dfrac{2x}{x^2+1}+\dfrac{1}{x^2+1}$　前項は $x^2+1=t$ とおき,

後項は $x=\tan\theta$ とおく。

(2) (分母)$=(x-1)^2+1$, $x-1=\tan\theta$ とおく

(3) $\dfrac{1}{a^3}\displaystyle\int_0^{\frac{\pi}{4}}\cos^2\theta\,d\theta$]

290 [(1) $a+b-x=t$ とおくと

(右辺)$=-\displaystyle\int_b^a f(t)\,dt=\int_a^b f(x)\,dx=$(左辺)

(2) (右辺)$=\displaystyle\int_0^{\frac{a}{2}}f(x)\,dx+\int_0^{\frac{a}{2}}f(a-x)\,dx$

$a-x=t$ とおくと

$\displaystyle\int_0^{\frac{a}{2}}f(a-x)\,dx=-\int_a^{\frac{a}{2}}f(t)\,dt=\int_{\frac{a}{2}}^a f(x)\,dx$]

291 (1) $\dfrac{1}{30}$　(2) $\dfrac{\pi}{4}$　(3) $-\dfrac{2}{9}$

(4) e^2+1　(5) $\dfrac{8}{3}\log 2-\dfrac{7}{9}$　(6) 1

292 $-\dfrac{8192}{5}$

[(1) (与式)$=\displaystyle\int_{-5}^3\{(x+5)^4-8(x+5)^3\}\,dx$

(2) (与式)$=\displaystyle\int_{-2}^8(t-8)t^3\,dt$　(3) (与式)

$=\left[(x-3)\cdot\dfrac{(x+5)^4}{4}\right]_{-5}^3-\displaystyle\int_{-5}^3\dfrac{(x+5)^4}{4}\,dx$]

293 [(1) (左辺)$=\displaystyle\int_\alpha^\beta\left\{\dfrac{(x-\alpha)^3}{3}\right\}'(x-\beta)\,dx$

$=\left[\dfrac{(x-\alpha)^3}{3}\cdot(x-\beta)\right]_\alpha^\beta-\displaystyle\int_\alpha^\beta\dfrac{(x-\alpha)^3}{3}\,dx$

(2) (左辺)$=\displaystyle\int_\alpha^\beta(x-\alpha)\left\{\dfrac{(x-\beta)^4}{4}\right\}'\,dx$

$=\left[(x-\alpha)\cdot\dfrac{(x-\beta)^4}{4}\right]_\alpha^\beta-\displaystyle\int_\alpha^\beta\dfrac{(x-\beta)^4}{4}\,dx$]

294 (1) 0　(2) $3\log 3-2\log 2-1$

295 (1) $\dfrac{1}{4}(e^2-1)$　(2) $e-2$

(3) $\dfrac{\sqrt{3}}{3}\pi-\log 2$

296 $\dfrac{e^\pi-2}{5}$

[部分積分法を 2 回用いる]

297 (1) 2　(2) $\log 2-2+\dfrac{\pi}{2}$

[(1) $\sqrt{x}=t$ とおくと　$x=t^2,\ dx=2t\,dt$

(与式)$=\displaystyle\int_0^{\frac{\pi}{2}}\sin t\cdot 2t\,dt=\int_0^{\frac{\pi}{2}}(-\cos t)'2t\,dt$

(2) $\displaystyle\int_0^1 1\cdot\log(x^2+1)\,dx$

$$=\Big[x\log(x^2+1)\Big]_0^1-\int_0^1 x\cdot\frac{2x}{x^2+1}\,dx$$

$$=\log 2-\int_0^1\Big(2-\frac{2}{x^2+1}\Big)dx\;\Big]$$

298 $a=3,\ b=2$

$$\Big[a+b=5,\ a+\Big(\frac{\pi}{2}-1\Big)b=1+\pi\Big]$$

299 $f(x)=-\dfrac{3}{16}x^2+\dfrac{3}{8}x+\dfrac{9}{16}$

$$[\,f(x)=ax^2+bx+c\ とおくと$$

$$a-b+c=0,\ 2a+b=0,\ \frac{2}{3}a+2c=1\,]$$

300 $k=2$ のとき最小値 $\dfrac{2}{3}\pi^3-4\pi$

$$\Big[I=\pi(k-2)^2+\frac{2}{3}\pi^3-4\pi\Big]$$

301 $a=\dfrac{e^2}{4}$

$$[\,a(\log a+2\log 2-1)=a\,]$$

302 (1) x^5+2x \quad (2) $e^x\sin 2x$

(3) $(x-1)\log x$

303 xe^x

304 (1) $\dfrac{9}{2}x^2$ \quad (2) $2e^{2x}-e^x$

(3) $2\cos^2 x-2\sin^2 x-\cos x$

$$\Big[(1)\ (与式)=x^2\int_0^x dt+x\int_0^x t\,dt$$

$$x\ で微分すると\quad 2x\cdot x+x^2\cdot 1+1+\frac{x^2}{2}+x\cdot x$$

$$(2)\ (与式)=e^x\int_0^x e^t\,dt$$

$$(3)\ \cos x\int_0^x\cos t\,dt-\sin x\int_0^x\sin t\,dt\,\Big]$$

305 (1) $2(1+2x)e^{2x}$ \quad (2) $2xe^{x^2}\cos x^2$

(3) $2\cos^2 2x-\cos^2 x$

$$\Big[(1)\ F(t)=\int(1+t)e^t\,dt\ とおくと$$

$$\int_0^{2x}(1+t)e^t\,dt=F(2x)-F(0)$$

$$\frac{d}{dx}\int_0^{2x}(1+t)e^t\,dt=2F'(2x)=2(1+2x)e^{2x}\,\Big]$$

306 (1) $f(x)=e^x+2$ \quad (2) $f(x)=-\sin x$

$$[(1)\ 両辺を\ x\ で微分すると\quad f(x)=e^x+2$$

$$(2)\ x\int_0^x f(t)\,dt-\int_0^x tf(t)\,dt=\sin x-x$$

両辺を x について 2 回微分する]

307 (1) $f(x)=\dfrac{1}{x}-\log 3$

(2) $f(x)=x+\dfrac{2e^x}{3-e^2}$

$$\Big[(1)\ \int_1^3 f(t)\,dt=a\ とおくと\quad f(x)=\frac{1}{x}+a$$

$$a=\int_1^3\Big(\frac{1}{t}+a\Big)dt=\log 3+2a\ から\quad a=-\log 3$$

$$(2)\ f(x)=x+e^x\int_0^1 e^t f(t)\,dt$$

$$\int_0^1 e^t f(t)\,dt=a\ とおくと\quad f(x)=x+ae^x\,\Big]$$

308 (1) $e^x\log x,\ 2x\sin(2x^2+3)-\sin(2x+3)$

(2) $4\sin x\cos x-\sin x$

(3) $f(x)=\dfrac{36}{23}x^2+\dfrac{48}{23}x$

$$\Big[(2)\ \sin x\int_0^x\cos t\,dt+\cos x\int_0^x\sin t\,dt$$

$$(3)\ f(x)=x+x^2\int_0^1 f(t)\,dt+x\int_0^1 tf(t)\,dt$$

$$\int_0^1 f(t)\,dt=a,\ \int_0^1 tf(t)\,dt=b\ とおく\,\Big]$$

309 $f(x)=x^2+\dfrac{5}{3}-\dfrac{3}{e},\ g(x)=e^{-x}+\Big(2-\dfrac{3}{e}\Big)x$

$$[\,f(x)=x^2+a,\ g(x)=e^{-x}+bx\ とおくと$$

$$a=\int_0^1 t(e^{-t}+bt)\,dt,\ b=\int_0^1(t^2+a)\,dt\,]$$

310 (1) $f(x)=-\cos x,\ a=1$

(2) $f(x)=e^x,\ a=0$

$$[(2)\ 与式に\ x=a\ を代入すると\quad e^a=a+1$$

解は $y=e^x,\ y=x+1$ のグラフから]

311 (1) 存在する，$f(x)=x^2+4-\pi^2$

(2) 存在しない

$$[(1)\ 等式を満たす\ f(x)\ が存在すると仮定する。$$

$$\int_0^\pi f(t)\sin t\,dt=a\ とおくと\quad f(x)=x^2+a\,]$$

312 $x=\dfrac{3}{4}\pi$ のとき最小値 $-\dfrac{2}{3}(\sqrt{2}+1)$

$$\Big[f'(x)=\int_0^x(-\cos t+3\cos 3t)\,dt$$

$$=2\cos 2x\sin x$$

よって，$0\leqq x\leqq\dfrac{\pi}{4},\ \dfrac{3}{4}\pi\leqq x\leqq\pi$ において

単調に増加し，$\dfrac{\pi}{4}\leqq x\leqq\dfrac{3}{4}\pi$ において単調に減

少する。

$$f(0)=0,\ 極小値\ f\Big(\frac{3}{4}\pi\Big)\,\Big]$$

313 $\dfrac{3}{2}$

$$\Big[(1)\ \lim_{n\to\infty}\Big\{1+\frac{1}{2}\Big(1+\frac{1}{n}\Big)\Big\}$$

$$(2)\ \lim_{n\to\infty}\frac{1}{n}\sum_{k=1}^n\Big(1+\frac{k}{n}\Big)=\int_0^1(1+x)\,dx\,\Big]$$

314 (1) $\dfrac{1}{2}$　(2) 2　(3) $-1+2\log 2$

(4) $\dfrac{1}{2}\log 3$

$\Big[$(1) $\displaystyle\lim_{n\to\infty}\frac{1}{n}\sum_{k=1}^{n}\frac{k}{n}=\int_0^1 x\,dx$

(2) $\displaystyle\lim_{n\to\infty}\frac{1}{n}\sum_{k=1}^{n}\left(1+2\cdot\frac{k}{n}\right)=\int_0^1(1+2x)\,dx$

(3) $\displaystyle\int_0^1\log(1+x)\,dx$

(4) $\displaystyle\lim_{n\to\infty}\frac{1}{n}\sum_{k=0}^{n-1}\frac{1}{1+2\cdot\frac{k}{n}}=\int_0^1\frac{dx}{1+2x}\Big]$

315 $\Big[$(1) (A) $0\le x\le 2$ のとき

$1\le (x-1)^2+1\le 2$

(B) (A) から　$\dfrac{1}{2}\le\dfrac{1}{x^2-2x+2}\le 1$

$\displaystyle\int_0^2\frac{1}{2}\,dx<\int_0^2\frac{dx}{x^2-2x+2}<\int_0^2 dx$

(2) (A) $0\le x\le\dfrac{1}{2}$ のとき

$0\le x^3\le x$ から　$0\ge -x^3\ge -x$

よって　$1\ge\sqrt{1-x^3}\ge\sqrt{1-x}$

(B) (A) から　$1\le\dfrac{1}{\sqrt{1-x^3}}\le\dfrac{1}{\sqrt{1-x}}$

よって　$\displaystyle\int_0^{\frac{1}{2}}dx<\int_0^{\frac{1}{2}}\frac{dx}{\sqrt{1-x^3}}<\int_0^{\frac{1}{2}}\frac{dx}{\sqrt{1-x}}\Big]$

316 (1) (ア) 1　(イ) $\dfrac{2}{3\pi}$

$\Big[$(1) (ア) $\displaystyle\lim_{n\to\infty}\frac{1}{n}\sum_{k=1}^{n}\frac{2k}{n}=\int_0^1 2x\,dx$

(イ) $\displaystyle\int_0^1\sin 3\pi x\,dx$

(2) $\displaystyle\int_0^{\frac{\pi}{2}}\sin x\,dx<\int_0^{\frac{\pi}{2}}x\,dx=\left[\frac{x^2}{2}\right]_0^{\frac{\pi}{2}}=\frac{\pi^2}{8}\Big]$

317 (1) $\dfrac{2(2\sqrt{2}-1)}{3}$　(2) $\dfrac{3}{8}$

$\Big[$まず, $\dfrac{1}{n}$ をくくり出す。

(1) $\displaystyle\lim_{n\to\infty}\frac{1}{n}\sum_{k=1}^{n}\sqrt{\frac{n+k}{n}}=\lim_{n\to\infty}\frac{1}{n}\sum_{k=1}^{n}\sqrt{1+\frac{k}{n}}$

$\displaystyle=\int_0^1\sqrt{1+x}\,dx$

(2) $\displaystyle\lim_{n\to\infty}\sum_{k=0}^{n-1}\frac{n^2}{(n+k)^3}=\lim_{n\to\infty}\frac{1}{n}\sum_{k=0}^{n-1}\frac{n^3}{(n+k)^3}\Big]$

318 $\Big[$(1) $0\le x\le\dfrac{\pi}{2}$ で $\dfrac{1}{2}\le 1-\dfrac{1}{2}\sin^2 x\le 1$ か

ら　$1\le\dfrac{1}{\sqrt{1-\dfrac{1}{2}\sin^2 x}}\le\sqrt{2}$

(2) $0\le x\le 1$ のとき　$1\le\sin x+\cos x\le\sqrt{2}$

よって　$x^2\le x^{(\sin x+\cos x)^2}\le x\Big]$

319 $\Big[y=\dfrac{1}{\sqrt{x}}$ のグラフは単調に減少するから

$\dfrac{1}{\sqrt{k}}>\displaystyle\int_k^{k+1}\frac{dx}{\sqrt{x}}$

よって　$\displaystyle\sum_{k=1}^{n}\frac{1}{\sqrt{k}}>\sum_{k=1}^{n}\int_k^{k+1}\frac{dx}{\sqrt{x}}=\int_1^{n+1}\frac{dx}{\sqrt{x}}\Big]$

320 $\Big[0<\displaystyle\int_0^1\frac{x^{2n}}{1+x^2}\,dx<\int_0^1 x^{2n}\,dx$ から

$0<\displaystyle\int_0^1\frac{x^{2n}}{1+x^2}\,dx<\frac{1}{2n+1}$

$n\to\infty$ のとき　$\dfrac{1}{2n+1}\to 0\Big]$

321 (1) $\dfrac{1}{2}$　(2) $(1+\sin a)^2$

322 (1) $\dfrac{1}{2}(x+\log|\cos x+\sin x|)+C$

(2) $\dfrac{1}{5}\log\left|3\tan\dfrac{x}{2}+1\right|-\dfrac{1}{5}\log\left|\tan\dfrac{x}{2}-3\right|+C$

$\left(=\dfrac{1}{5}\log\left|\dfrac{3-3\cos x+\sin x}{1-\cos x-3\sin x}\right|+C\right)$

$\Big[$(1) $\tan x=t$ とおくと

$\dfrac{1}{(t+1)(t^2+1)}=\dfrac{1}{2(t+1)}-\dfrac{t}{2(t^2+1)}$

$+\dfrac{1}{2(t^2+1)}$, 第3項の積分は $t=\tan x$ とおき

戻す。

(2) $\tan\dfrac{x}{2}=t$ とおくと

$\dfrac{2}{8t+3-3t^2}=-\dfrac{1}{5}\left(\dfrac{1}{t-3}-\dfrac{3}{3t+1}\right)$

$\log$ の中の $\left|\dfrac{3t+1}{t-3}\right|$ の分母・分子に

$\sin\dfrac{x}{2}\cos\dfrac{x}{2}$ を掛けて, 2倍角の公式・半角の

公式を利用すると $\cos x$, $\sin x$ で表される。

別解　三角関数の合成を利用$\Big]$

323 $f(x)=\sin x-\dfrac{12\pi^2}{4\pi^4+3}x-\dfrac{6\pi}{4\pi^4+3}$

$\Big[f(x)=\sin x+x\displaystyle\int_{-\pi}^{\pi}f(t)\,dt-\int_{-\pi}^{\pi}tf(t)\,dt$

$a=\displaystyle\int_{-\pi}^{\pi}f(t)\,dt$, $b=\displaystyle\int_{-\pi}^{\pi}tf(t)\,dt$ とおくと

$f(x)=\sin x+ax-b$

ゆえに　$a=-2\pi b$, $b=2\pi+\dfrac{2}{3}\pi^3 a\Big]$

324 $f(x)=-\dfrac{1}{2}e^{\frac{x}{2}}$, $a=0$

$\Big[2f(2x+a)=-e^x$, $2x+a=y$ とおくと

$$f(y) = -\frac{1}{2} e^{\frac{y-a}{2}}, \quad x = -\frac{a}{2} \text{ のとき}$$
（与式の左辺）$=0$　　ゆえに　$1-e^{-\frac{a}{2}}=0$]

325 (1) $\log 2$　(2) $\log \dfrac{3}{2}$

[(1) $2n=m$ とおく。

(2) $\dfrac{1}{n}\displaystyle\sum_{k=n}^{2n}\dfrac{n+1}{n+k}=\dfrac{1}{n}\sum_{k=0}^{n}\dfrac{n+1}{2n+k}$

$=\left(1+\dfrac{1}{n}\right)\dfrac{1}{n}\displaystyle\sum_{k=0}^{n}\dfrac{1}{2+\dfrac{k}{n}}$]

326 (1) $I_0=\dfrac{e^2-1}{2}$　(2) $I_n=\dfrac{e^2}{2}-\dfrac{n}{2}I_{n-1}$

(3) $I_4=\dfrac{e^2-3}{4}$　(4) $\dfrac{15-e^2}{8}$

[(4) $\sin x=t$ とおくと　$\displaystyle\int_0^1 t^5 e^{2t}dt=I_5$]

327 $\dfrac{\pi}{4}$

[$\displaystyle\int_0^{\frac{\pi}{2}}\dfrac{\cos x}{\cos x+\sin x}dx=\int_0^{\frac{\pi}{2}}\dfrac{\sin x}{\sin x+\cos x}dx,$

$\displaystyle\int_0^{\frac{\pi}{2}}\dfrac{\cos x}{\cos x+\sin x}dx+\int_0^{\frac{\pi}{2}}\dfrac{\sin x}{\sin x+\cos x}dx$

$=\displaystyle\int_0^{\frac{\pi}{2}}dx=\dfrac{\pi}{2}$]

328 $\dfrac{1}{24}\log 3+\dfrac{\sqrt{3}}{72}\pi$

[$\dfrac{1}{x^3+8}=\dfrac{1}{12}\left(\dfrac{1}{x+2}-\dfrac{x-4}{x^2-2x+4}\right)$

$x-1=\sqrt{3}\tan\theta$ とおくと

$\displaystyle\int_0^1\dfrac{x-4}{x^2-2x+4}dx=\int_0^1\dfrac{x-4}{(x-1)^2+3}dx$

$=\displaystyle\int_{-\frac{\pi}{6}}^0\dfrac{\sqrt{3}\tan\theta-3}{3(\tan^2\theta+1)}\cdot\dfrac{\sqrt{3}}{\cos^2\theta}d\theta$]

329 [(1) $f(x)=\sqrt{h(x)}$, $g(x)=\dfrac{1}{\sqrt{h(x)}}$ にシュワルツの不等式を適用。

(2) $f(x)=1$, $g(x)=\dfrac{1}{x}$ にシュワルツの不等式を適用]

330 (1) $\dfrac{4\sqrt{2}}{3}$　(2) 2　(3) 1　(4) $e-1$

331 (1) $\dfrac{4}{3}$　(2) $12-5\log 5$　(3) $2\sqrt{2}$

(4) $e+\dfrac{1}{e}-2$

332 (1) $\dfrac{56}{3}$　(2) e^2-e　(3) $\dfrac{4}{3}$　(4) $\dfrac{1}{6}$

[(1) $\displaystyle\int_2^4 y^2 dy$　(2) $\displaystyle\int_1^2 e^y dy$

(3) $\displaystyle\int_0^2 (2y-y^2)dy$

(4) $\displaystyle\int_0^1\{y+1-(y^2+1)\}dy$]

333 $\dfrac{32}{3}$

[(1) $\displaystyle\int_{-1}^3 (2x+3-x^2)dx$

(2) $\displaystyle\int_0^1\{\sqrt{y}-(-\sqrt{y})\}dy+\int_1^9\left(\sqrt{y}-\dfrac{y-3}{2}\right)dy$]

334 (1) $3\sqrt{3}$　(2) $e-\dfrac{5}{2}$　(3) $\log 2$

(4) $-\dfrac{e^2}{4}+e-\dfrac{1}{4}$

[(1) 参考図参照。 (2) $\displaystyle\int_0^1 (xe^{1-x}-x)dx$

(3) $\displaystyle\int_{\sqrt{e}}^e \dfrac{dx}{x\log x}$　(4) $-\displaystyle\int_1^e (x-e)\log x\,dx$]

(1) ［参考図］

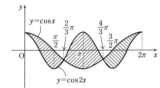

335 (1) $\sqrt{6}\pi$　(2) $\dfrac{\sqrt{3}}{6}\pi$

[(1) $4\displaystyle\int_0^{\sqrt{3}}\sqrt{2-\dfrac{2}{3}x^2}\,dx$

参考 楕円 $\dfrac{x^2}{a^2}+\dfrac{y^2}{b^2}=1$ で囲まれた部分の面積は πab である]

336 (1) $\dfrac{4}{5}$　(2) $\dfrac{32}{3}$　(3) 9

[(1) $2\displaystyle\int_0^1(1-x^{\frac{2}{3}})dx$

(2) $4\displaystyle\int_0^2 x\sqrt{4-x^2}\,dx$

(3) $2\displaystyle\int_0^3\{\{-x(x-3)-1\}-(-1)\}dx$]

337 (1) 8π　(2) 2π

[(1) $y=-x\pm2\sqrt{4-x^2}$ から

$4\displaystyle\int_{-2}^2\sqrt{4-x^2}\,dx$

(2) $y=x-1\pm\sqrt{-(x-1)^2+2}$ から

$2\displaystyle\int_{1-\sqrt{2}}^{1+\sqrt{2}}\sqrt{-(x-1)^2+2}\,dx$]

338 (1) $\dfrac{8}{3}$　(2) 12π

$$\left[(1)\quad \int_0^4 y\,dx=\int_0^2 (2t-t^2)\cdot 2\,dt\right.$$

$$(2)\quad 4\int_0^3 y\,dx=4\int_{\frac{\pi}{2}}^0 4\sin\theta\cdot(-3\sin\theta)\,d\theta$$

$$\left.=48\int_0^{\frac{\pi}{2}}\sin^2\theta\,d\theta\right]$$

339 (1) $\dfrac{2\sqrt{2}}{3}$　(2) 5π

$$\left[(1)\quad \int_{-\frac{1}{\sqrt{2}}}^{\frac{1}{\sqrt{2}}} y\,dx=\int_{-\frac{\pi}{4}}^{\frac{\pi}{4}}\cos 2t\cdot\cos t\,dt\right.$$

$$=\int_{-\frac{\pi}{4}}^{\frac{\pi}{4}}\frac{1}{2}(\cos 3t+\cos t)\,dt$$

$$\left.(2)\quad \int_0^{4\pi} y\,dx=\int_0^{2\pi}(1-\cos t)(2-\cos t)\,dt\right]$$

340 $\dfrac{3}{8}\pi$

$$\left[4\int_0^1 y\,dx=4\int_{\frac{\pi}{2}}^0 \sin^3\theta\cdot 3\cos^2\theta\,(-\sin\theta)\,d\theta\right]$$

341 (1) $y=-\dfrac{x}{e^2}+\dfrac{4}{e^2}$　(2) $\dfrac{9}{e^2}-1$

$$\left[(1)\quad \text{変曲点の座標は}\left(2,\ \frac{2}{e^2}\right)\right.$$

$$\left.(2)\quad \int_0^2\left(-\frac{x}{e^2}+\frac{4}{e^2}-xe^{-x}\right)dx\right]$$

342 $\dfrac{e}{2}-1$　$\left[\displaystyle\int_0^1 (e^x-ex)\,dx\right]$

343 (1) $a=\dfrac{1}{2e}$,　$\left(\sqrt{e},\ \dfrac{1}{2}\right)$　(2) $\dfrac{2\sqrt{e}}{3}-1$

$[(1)$　接点の x 座標を x_1 とすると

$$2ax_1=\frac{1}{x_1},\quad ax_1{}^2=\log x_1$$

$$\left.(2)\quad \int_0^{\sqrt{e}}\frac{x^2}{2e}\,dx-\int_1^{\sqrt{e}}\log x\,dx\right]$$

344 $k=\dfrac{\pi}{2}$ のとき最小値 $\pi-2$

$$\left[\text{面積は}\quad \int_0^k (k\sin x-x\sin x)\,dx\right.$$

$$\left.+\int_k^\pi (x\sin x-k\sin x)\,dx=\pi-2\sin k\right]$$

345 $\dfrac{-1-\sqrt{10}}{3}$

$[$直線の傾きを m とおくと，三角形の面積は

$$\frac{1}{2}\cdot\frac{m-1}{m}\cdot(-m+1)$$

これが，$\displaystyle\int_0^1 \sqrt{x}\,dx+\frac{1}{2}\left(\frac{m-1}{m}-1\right)\cdot 1$ の 2 倍で

あればよい$]$

346 $\dfrac{96}{5}\pi\,\mathrm{cm}^3$

347 (1) $\dfrac{1296}{5}\pi$　(2) $\dfrac{16}{105}\pi$　(3) 2π

$$(4)\quad \dfrac{\pi^2}{2}\quad \left[(1)\quad \pi\int_{-3}^3 (x^2-9)^2\,dx\right]$$

348 (1) 24π　(2) $\dfrac{\pi}{2}$

$$\left[(1)\quad \pi\int_{-2}^2 y^2\,dx=\pi\int_{-2}^2\left(9-\frac{9}{4}x^2\right)dx\right.$$

$$\left.(2)\quad \pi\int_0^1 y^2\,dx=\pi\int_0^1 x\,dx\right]$$

349 (1) $\dfrac{9}{2}\pi$　(2) 16π　(3) $\dfrac{\pi}{5}$

$$(4)\quad \left(-\frac{5}{2}+4\log 2\right)\pi$$

$$\left[(1)\quad \pi\int_0^3 x^2\,dy=\pi\int_0^3 (3-y)\,dy\right.$$

$$(2)\quad \pi\int_{-3}^3 x^2\,dy=\pi\int_{-3}^3 \frac{36-4y^2}{9}\,dy$$

$$(3)\quad \pi\int_0^1 x^2\,dy=\pi\int_0^1 y^4\,dy$$

$$\left.(4)\quad \pi\int_0^{\log 2} x^2\,dy=\pi\int_0^{\log 2} (e^y-2)^2\,dy\right]$$

350 (1) $(x\text{軸})\ \dfrac{16}{15}\pi$　$(y\text{軸})\ \dfrac{\pi}{2}$

$$(2)\quad (x\text{軸})\ 8\pi\qquad (y\text{軸})\ \frac{256}{15}\pi$$

$$(3)\quad (x\text{軸})\ 36\pi\qquad (y\text{軸})\ 36\pi$$

351 $\dfrac{\pi}{2}$　$\left[\displaystyle\int_0^\pi \sin^2 x\,dx\right]$

352 $\dfrac{125}{2}\pi$　$\left[\displaystyle\int_{-5}^5 2\sqrt{25-x^2}\cdot 5\cdot\frac{1}{2}\,dx\right]$

353 $\dfrac{8-5\sqrt{2}}{12}\pi r^3$　$\left[\pi\displaystyle\int_{\frac{r}{\sqrt{2}}}^r (r^2-x^2)\,dx\right]$

354 $\dfrac{2000\sqrt{3}}{9}$　$\left[2\displaystyle\int_0^{10}\frac{1}{2}\cdot\frac{1}{\sqrt{3}}(100-x^2)\,dx\right]$

355 (1) $\dfrac{153}{5}\pi$　(2) $\dfrac{297}{32}\pi$

$$\left[(1)\quad \pi\int_{-2}^1\{(5-x^2)^2-(x+3)^2\}\,dx\right.$$

$$\left.(2)\quad \pi\int_{\frac{1}{2}}^2\{(-x^2+5x)^2-(x^2+2)^2\}\,dx\right]$$

356 $\left(\dfrac{22}{3}+4\sqrt{3}\right)\pi$

$$\left[\pi\int_0^3 (1+\sqrt{3-y})^2\,dy-\pi\int_2^3 (1-\sqrt{3-y})^2\,dy\right]$$

357 $54\pi^2$

$$\left[\pi\int_{-3}^3\{(3+\sqrt{3^2-x^2})^2-(3-\sqrt{3^2-x^2})^2\}\,dx\right]$$

358 [1] $\dfrac{384}{5}\pi$　[2] $\dfrac{512}{15}\pi$

$$\left[[1]\quad \pi\int_{-2}^2\{(6-x^2)^2-2^2\}\,dx\right.$$

[2] $\pi\displaystyle\int_{-2}^{2}(6-x^2-2)^2\,dx$

359 (1) $\dfrac{60+32\sqrt{2}}{15}\pi$ (2) $\dfrac{2\pi+3\sqrt{3}}{8}\pi$

$\Bigg[$(1) $\pi\displaystyle\int_{-1}^{0}\{(-x^2+2)^2-(-x)^2\}\,dx$

$+\pi\displaystyle\int_{0}^{1}(-x^2+2)^2\,dx+\pi\displaystyle\int_{1}^{2}x^2\,dx$

$-\pi\displaystyle\int_{\sqrt{2}}^{2}(x^2-2)^2\,dx$

(2) $\pi\displaystyle\int_{\frac{\pi}{3}}^{\frac{2}{3}\pi}\sin^2 x\,dx+\pi\displaystyle\int_{\frac{2}{3}\pi}^{\pi}\sin^2 2x\,dx$

$-\pi\displaystyle\int_{\frac{\pi}{3}}^{\frac{\pi}{2}}\sin^2 2x\,dx\Bigg]$

360 (1) 24π (2) $5\pi^2$

$\Bigg[$(1) $2\pi\displaystyle\int_{0}^{2}y^2\,dx=2\pi\displaystyle\int_{\frac{\pi}{2}}^{0}9\sin^2\theta\cdot(-2\sin\theta)\,d\theta$

(2) $\pi\displaystyle\int_{0}^{2\pi}y^2\,dx=\pi\displaystyle\int_{0}^{2\pi}(1-\cos\theta)^2\cdot(1-\cos\theta)\,d\theta\Bigg]$

361 $k=1$

$\Bigg[\pi\displaystyle\int_{0}^{9}(9-y)\,dy=2\pi\displaystyle\int_{k+1}^{\frac{9k}{k+1}}\Big\{(9-y)-\dfrac{y}{k}\Big\}\,dy\Bigg]$

362 $a=\pm\dfrac{2}{5}$ $\Bigg[\dfrac{\pi}{96a^4}=\pm\dfrac{\pi}{240a^5}\Bigg]$

363 (1) 14 (2) $\sqrt{2}\,(e^\pi-1)$

364 (1) $\dfrac{13\sqrt{13}-8}{27}$ (2) $\dfrac{3}{4}$

365 順に $\dfrac{32}{3}$, $\dfrac{40}{3}$

$\Bigg[$位置 $\displaystyle\int_{0}^{4}(t^2-2\sqrt{t}\,)\,dt$, $l=\displaystyle\int_{0}^{4}|t^2-2\sqrt{t}\,|\,dt\Bigg]$

366 4 $\Bigg[2\displaystyle\int_{0}^{\pi}\sin\dfrac{t}{2}\,dt\Bigg]$

367 (1) $\dfrac{1}{27}(13\sqrt{13}-8)$ (2) $\dfrac{29}{6}$

$\Bigg[$(1) $\displaystyle\int_{0}^{1}\sqrt{(3t^2)^2+(2t)^2}\,dt=\displaystyle\int_{0}^{1}t\sqrt{9t^2+4}\,dt$

$9t^2+4=u$ とおく。 (2) $\displaystyle\int_{0}^{3}|t^2-t|\,dt\Bigg]$

368 $\log(2+\sqrt{3}\,)$

369 $\Bigg[$どちらの曲線の長さも $\displaystyle\int_{0}^{2\pi}\sqrt{1+\theta^2}\,d\theta$ に等しい$\Bigg]$

370 (1) $v(t)=-\cos 2t-\cos t+4$,

$x(t)=-\dfrac{1}{2}\sin 2t-\sin t+4t$

(2) 4π

$\Bigg[$(1) $v(t)=\displaystyle\int\alpha(t)\,dt$, $v(0)=2$;

$x(t)=\displaystyle\int v(t)\,dt$, $x(0)=0$

(2) $-\displaystyle\int_{0}^{\pi}(\cos t+\cos 2t-4)\,dt\Bigg]$

371 (1) $8a$ (2) $4a$

$\Big[$(2) $\cos 2(\pi-t)=\cos 2t$,

$4\sin(\pi-t)=4\sin t\Big]$

372 $\dfrac{2\sqrt{3}}{3}\pi$

$\Big[$右の図の斜線部分の
面積を S とすると, 求
める面積は $8S$

$S=\displaystyle\int_{0}^{\frac{\sqrt{3}}{2}}\sqrt{1-\dfrac{x^2}{3}}\,dx$

$-\dfrac{1}{2}\cdot\dfrac{\sqrt{3}}{2}\cdot\dfrac{\sqrt{3}}{2}\Big]$

373 (1) ［図］ (1)

(2) $\dfrac{8}{35}$ (3) $\dfrac{27}{16}$

$\Big[$(2) $S=\displaystyle\int_{0}^{1}y\,dx$

$=\displaystyle\int_{1}^{0}(t-t^3)(-4t^3)\,dt$

(3) $x+2y$

$=1-t^4+2(t-t^3)$

$=-t^4-2t^3+2t+1$

これは $t=\dfrac{1}{2}$ のとき最大になる$\Big]$

374 $\dfrac{e^\pi+1}{2(e^\pi-1)}$ $\Bigg[\displaystyle\sum_{n=0}^{\infty}\displaystyle\int_{n\pi}^{(n+1)\pi}|e^{-x}\sin x|\,dx$

$=\displaystyle\sum_{n=0}^{\infty}\Bigg|\Big[-\dfrac{1}{2}e^{-x}(\cos x+\sin x)\Big]_{n\pi}^{(n+1)\pi}\Bigg|$

$=\displaystyle\sum_{n=0}^{\infty}\dfrac{1}{2}e^{-n\pi}(1+e^{-\pi})=\dfrac{1}{2}\cdot\dfrac{1+e^{-\pi}}{1-e^{-\pi}}\Bigg]$

375 6π

$\Big[$図形 A の平面 $x=t$ $(-1\leqq t\leqq 1)$ による切り口
を x 軸の周りに 1 回転させたときに通過する領
域の面積 $S(t)$ は

$S(t)=\pi\{(1-t^2)+4\}-\pi\{(1-t^2)+1\}$

求める体積は $\displaystyle\int_{-1}^{1}S(t)\,dt\Big]$

376 $\dfrac{4}{3}\pi$

$\Big[$平面 $x=t$ と円盤との交線上の点と, x 軸との
距離について, 最大値は $\sqrt{2-t^2}$, 最小値は 1

よって $V=\pi\displaystyle\int_{-1}^{1}\{(\sqrt{2-t^2})^2-1^2\}\,dt\Big]$

377 $\dfrac{8\sqrt{2}}{15}\pi$

[曲線上の点 P(x, y) から直線 $y=x$ に垂線
PQ を下ろし OQ$=t$ とする。

Q$\left(\dfrac{t}{\sqrt{2}}, \dfrac{t}{\sqrt{2}}\right)$ から　$t=\dfrac{x+y}{\sqrt{2}}=\dfrac{x^2}{\sqrt{2}}$

PQ$=\dfrac{|x^2-2x|}{\sqrt{2}}$

よって　$V=\pi\displaystyle\int_0^{2\sqrt{2}}PQ^2 dt=\pi\displaystyle\int_0^2PQ^2\sqrt{2}\,x\,dx$]

378 (1) 216π　(2) $2\pi^2$

[(1) $2\pi\displaystyle\int_0^6 x(-x^2+6x)dx$

参考　$y=-x^2+6x$ から　$x=3\pm\sqrt{9-y}$

$\pi\displaystyle\int_0^9\{(3+\sqrt{9-y})^2-(3-\sqrt{9-y})^2\}\,dy$

(2) $2\pi\displaystyle\int_0^\pi x\sin x\,dx$]

379 [(1) $xy'=xA=y$

(2) $y''=Ae^x+Be^{-x}=y$

(3) $x^2y''+xy'-y$

$=\dfrac{2B}{x^3}x^2+x\left(A-\dfrac{B}{x^2}\right)-\left(Ax+\dfrac{B}{x}\right)=0$

(4) $y''=-A\sin x-B\cos x=-y$]

380 (1) $y=y'$　(2) $x+yy'=0$

(3) $y+xy'=0$　(4) $(y-xy')^2(1+y'^2)=y'^2$

[(2) 曲線 $y=f(x)$ 上の点 (x, y) における法

線の方程式は　$Y-f(x)=-\dfrac{1}{f'(x)}(X-x)$

原点を通るから $X=0$, $Y=0$ を代入。

(3) Q$\left(x-\dfrac{f(x)}{f'(x)}, 0\right)$, R$(0, f(x)-xf'(x))$

P が線分 QR の中点であるから

$\dfrac{1}{2}\left\{x-\dfrac{f(x)}{f'(x)}\right\}=x$

(4) (3) の Q, R の座標を利用。QR$=1$]

381 $\dfrac{dx}{dt}=x^3$

382 (1) $y=\dfrac{1}{2}x^2+C$　(2) $y=\sin x+C$

(3) $y=e^x+C$　(4) $y=Cx+1$

(5) $y=1+\dfrac{C}{x-1}$

（C はいずれも任意の定数）

[(1) $\displaystyle\int\dfrac{dy}{dx}dx=\displaystyle\int x\,dx$ から　$\displaystyle\int dy=\displaystyle\int x\,dx$

(2) $\displaystyle\int\dfrac{dy}{dx}dx=\displaystyle\int\cos x\,dx$

(3) $\displaystyle\int\dfrac{dy}{dx}dx=\displaystyle\int e^x\,dx$

(4) $x\dfrac{dy}{dx}=y-1$

$y\neq1$ のとき　$\dfrac{1}{y-1}\cdot\dfrac{dy}{dx}=\dfrac{1}{x}$

(5) $y\neq1$ のとき　$\dfrac{1}{y-1}\cdot\dfrac{dy}{dx}=-\dfrac{1}{x-1}$]

383 (1) $y=\dfrac{1}{8}(2x-1)^4+\dfrac{7}{8}$

(2) $y=-\log|x-2|$

[(1) $\displaystyle\int\dfrac{dy}{dx}dx=\displaystyle\int(2x-1)^3dx$ から

$y=\dfrac{1}{4}\cdot\dfrac{1}{2}(2x-1)^4+C$

(2) $\displaystyle\int\dfrac{dy}{dx}dx=\displaystyle\int\dfrac{dx}{2-x}$]

384 $f(x)=e^x-1$

[等式の両辺を x で微分すると

$f'(x)=1+f(x)$

また　$f(0)=0$]

385 $y=2x^2$　$\left[\dfrac{dy}{dx}=2\cdot\dfrac{y}{x}\right]$

総合問題 (*p*. 88～91) の答と略解

$\boxed{1}$ (1) ④

(2) $a=10^{-\frac{1}{9}}$, $b=10$

(3) $y=10^{-\frac{x-10}{9}}$

[(1) 逆関数をもつ関数 $y=f(x)$ のグラフとその逆関数 $y=f^{-1}(x)$ のグラフは，直線 $y=x$ に関して対称である。よって，もとの関数のグラフが直線 $y=x$ に関して対称であれば，逆関数のグラフはもとのグラフと一致する。このとき，グラフ上のすべての点が共有点となる。

(2) $1=f(10)$, $1=f^{-1}(10)$ から

$1=\log_a 10+b$, $10=\log_a 1+b$]

$\boxed{2}$ (1) ③ (3) $\dfrac{r}{(r-1)^2}$

[(2) ① $r^n=(1+h)^n$

$={}_nC_0+{}_nC_1h+{}_nC_2h^2+\cdots\cdots+{}_nC_kh^k$

$+\cdots\cdots+{}_nC_nh^n>{}_nC_2h^2$

② ① から $0<\dfrac{n}{r^n}<\dfrac{2}{(n-1)h^2}$

(3) $S_n=\displaystyle\sum_{k=1}^{n}\dfrac{k}{r^k}$ とおき，$S_n-\dfrac{1}{r}S_n$ を求める]

$\boxed{3}$ [$f(0)=AA'$, $f(\pi)=AA''$ であり，△ABC は鋭角三角形であるから

$AA'<BC$, $AA''>BC$

よって $f(0)<BC$, $f(\pi)>BC$

$f(\theta)$ は連続関数であるから，中間値の定理により，$f(\alpha)=BC$ を満たす実数 α が，0 と π の間に少なくとも 1 つ存在する。

ゆえに，$\theta=\alpha$ のとき $AD=BC$ であり，$AD=BC$ と $DB=AC$, $DC=AB$ から，四面体 ABCD は各面すべてが △ABC と合同な四面体となる]

$\boxed{4}$ (1) $f^{(n)}(x)=\{a+(x+n-1)d\}e^x$

(2) $g(x)=(3x-1)e^x$

[(1) $f^{(k)}(x)=\{a+(x+k-1)d\}e^x$ と仮定する。

$f^{(k+1)}(x)=de^x+\{a+(x+k-1)d\}e^x$

$=\{a+(x+k)d\}e^x$

(2) (1) より $f^{(n)}(0)=a+(n-1)d$

数列 $\{f^{(n)}(0)\}$ は初項 a，公差 d の等差数列となる。

$g'(0)=2$, $g^{(n+1)}(0)=g^{(n)}(0)+3$ より，数列 $\{g^{(n)}(0)\}$ は初項 2，公差 3 の等差数列であるから，(1) の関数 $f(x)$ において，$a=2$, $d=3$ とする]

$\boxed{5}$ (1) $f(n)=\left(1-\dfrac{1}{n}\right)^n$, $f(2)=\dfrac{1}{4}$, $f(3)=\dfrac{8}{27}$,

$f(4)=\dfrac{81}{256}$

(2) $g(x)=\log\left(1-\dfrac{1}{x}\right)+\dfrac{1}{x-1}$

(3) ゲーム B の方がクリアできる確率が大きい

(4) $\dfrac{1}{e}$

[(2) $f(x)=(x \text{の式})^{(x \text{の式})}$ の形をしているから，対数微分法を用いる。

(3) $g'(x)=-\dfrac{1}{x(x-1)^2}$

$x>2$ のとき $g'(x)<0$

よって，$g(x)$ は $x\geqq 2$ で単調に減少する。

$\displaystyle\lim_{x\to\infty}g(x)=0$ であるから，$x\geqq 2$ のとき

$g(x)>\displaystyle\lim_{x\to\infty}g(x)=0$

(4) 自然対数の底 e の定義式 $\displaystyle\lim_{t\to 0}(1+t)^{\frac{1}{t}}=e$ の形になるように式変形する]

$\boxed{6}$ $\dfrac{2}{15}$

[① $\displaystyle\int_0^{\frac{\pi}{2}}\cos^3x\sin^2x\,dx=\int_0^{\frac{\pi}{2}}(\sin^2x-\sin^4x)\cos x\,dx$

$\sin x=t$ とおくと

$\displaystyle\int_0^{\frac{\pi}{2}}\cos^3x\sin^2x\,dx=\int_0^1(t^2-t^4)dt$

② $\cos^3x\sin^2x=\cos x\cos^2x\cdot\sin^2x$

$=\cos x\cdot\dfrac{1+\cos 2x}{2}\cdot\dfrac{1-\cos 2x}{2}$

$=\dfrac{1}{4}\cos x-\dfrac{1}{4}\cos x\cos^2 2x$

$=\dfrac{1}{8}\cos x-\dfrac{1}{8}\cos x\cos 4x$

$=\dfrac{1}{8}\cos x-\dfrac{1}{16}\cos 3x-\dfrac{1}{16}\cos 5x$

よって $a=\dfrac{1}{8}$, $b=-\dfrac{1}{16}$, $c=-\dfrac{1}{16}$

③ $I_n=\displaystyle\int_0^{\frac{\pi}{2}}\cos^nx\,dx=\int_0^{\frac{\pi}{2}}\cos^{n-1}x\cos x\,dx$

$=\left[\cos^{n-1}x\sin x\right]_0^{\frac{\pi}{2}}$

$-(n-1)\displaystyle\int_0^{\frac{\pi}{2}}\cos^{n-2}x(-\sin x)\sin x\,dx$

$=(n-1)\displaystyle\int_0^{\frac{\pi}{2}}\cos^{n-2}x(1-\cos^2x)\,dx$

$=(n-1)(I_{n-2}-I_n)$]

7 (1) $V(a)=\dfrac{a^6}{3(1-a^2)}\pi\ (\mathrm{m}^3)$

(2) $V=\dfrac{243}{80}\pi\ (\mathrm{m}^3)$

[(1) xy 平面におい
て，右図のように点
を定めると

$\mathrm{OC}=\dfrac{\mathrm{OA}^2}{\mathrm{OP}}=a^2$

また，弧 AB と線分
BO，OC，CA で囲

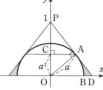

まれた部分を y 軸の周りに回転した回転体の体
積を V_1 とし，頂点が P，底面が CA を半径と
する円である円錐の体積を V_2 とし，頂点が P，
底面が OD を半径とする円である円錐の体積を
V_3 とすると

$V_1=\pi\displaystyle\int_0^{a^2}(a^2-y^2)dy,\quad V_2=\dfrac{1}{3}\pi(a^2-a^4)(1-a^2),$

$V_3=\left(\dfrac{1}{1-a^2}\right)^3 V_2$

求める体積は　$V(a)=V_3-(V_1+V_2)$

(2) オブジェの底面の中心と点光源の距離と，
半球の半径の比率を実際の比率になるように a
の値を求める。その後，実際のオブジェとモデ
ルとの縮尺率から，体積比を求める]

8 $24\sqrt{3}-\dfrac{32}{3}\pi$

[線分 AB を直径と
する円の中心を O と
し，半径 OA の垂直
二等分線を x 軸にと
る。

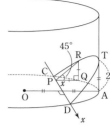

求める水の量は，直
円柱を，x 軸を含み
円 O と $45°$ の傾きを
なす平面で直円柱を
2 つの立体に分けたときの小さい方の立体の体
積と一致する。求める体積は

$\displaystyle\int_{-2\sqrt{3}}^{2\sqrt{3}}\dfrac{1}{2}(20-x^2-4\sqrt{16-x^2})dx$]

初　版（数学III）
第 1 刷　1965 年 3 月 1 日　発行
新訂版（数学III）
第 1 刷　1968 年 3 月 1 日　発行
新　制（微分・積分）
第 1 刷　1984 年 2 月 1 日　発行
新　制（数学III，数学C）
第 1 刷　1995 年 10 月 1 日　発行
新課程（数学III＋C）
第 1 刷　2004 年 11 月 1 日　発行
新課程（数学III）スタ・オリ
第 1 刷　2013 年 10 月 1 日　発行
新課程（数学III）
第 1 刷　2023 年 11 月 1 日　発行

ISBN978-4-410-20957-4

教科書傍用

スタンダード
数学III

編　者　数研出版編集部

発行者　星野　泰也

発行所　数研出版株式会社

〒101-0052　東京都千代田区神田小川町 2 丁目 3 番地 3
〔振替〕00140-4-118431
〒604-0861　京都市中京区烏丸通竹屋町上る大倉町205番地
〔電話〕代表 (075)231-0161

ホームページ　https://www.chart.co.jp
印刷　創栄図書印刷株式会社

231001

30 定積分 $F'(x)=f(x)$ とする。

$$\int_a^b f(x)\,dx=\Big[F(x)\Big]_a^b=F(b)-F(a)$$

▶定積分の基本性質 k, l は定数とする。

① $\displaystyle\int_a^b \{kf(x)+lg(x)\}\,dx=k\int_a^b f(x)\,dx+l\int_a^b g(x)\,dx$

② $\displaystyle\int_a^a f(x)\,dx=0$

③ $\displaystyle\int_b^a f(x)\,dx=-\int_a^b f(x)\,dx$

④ $\displaystyle\int_a^b f(x)\,dx=\int_a^c f(x)\,dx+\int_c^b f(x)\,dx$

⑤ $f(x)$ が偶関数のとき $\displaystyle\int_{-a}^a f(x)\,dx=2\int_0^a f(x)\,dx$

　$f(x)$ が奇関数のとき $\displaystyle\int_{-a}^a f(x)\,dx=0$

31 定積分の置換積分法と部分積分法

▶置換積分法 $x=g(t)$ は $\alpha\le t\le\beta$ ($\beta\le t\le\alpha$) で微分可能, $a=g(\alpha)$, $b=g(\beta)$ とする。

$$\int_a^b f(x)\,dx=\int_\alpha^\beta f(g(t))g'(t)\,dt$$

▶部分積分法

$$\int_a^b f(x)g'(x)\,dx=\Big[f(x)g(x)\Big]_a^b-\int_a^b f'(x)g(x)\,dx$$

32 定積分と導関数

　a が定数のとき $\quad\dfrac{d}{dx}\displaystyle\int_a^x f(t)\,dt=f(x)$

33 定積分と和の極限

① $\displaystyle\int_a^b f(x)\,dx=\lim_{n\to\infty}\sum_{k=0}^{n-1} f(x_k)\varDelta x=\lim_{n\to\infty}\sum_{k=1}^{n} f(x_k)\varDelta x$

　　ここで $\varDelta x=\dfrac{b-a}{n}$, $x_k=a+k\,\varDelta x$

② $\displaystyle\lim_{n\to\infty}\frac{1}{n}\sum_{k=0}^{n-1} f\!\left(\frac{k}{n}\right)=\lim_{n\to\infty}\frac{1}{n}\sum_{k=1}^{n} f\!\left(\frac{k}{n}\right)=\int_0^1 f(x)\,dx$

34 定積分と不等式

　区間 $[a,\ b]$ で $f(x)\geqq g(x)$ ならば

$$\int_a^b f(x)\,dx\geqq\int_a^b g(x)\,dx$$

注意 等号は, 常に $f(x)=g(x)$ であるときに限って成り立つ。

積 分 法 (2)

35 面 積

▶曲線 $y=f(x)$ と x 軸の間の面積
　区間 $a\le x\le b$ で常に

① $f(x)\geqq0$ のとき $\quad S=\displaystyle\int_a^b f(x)\,dx$

② $f(x)\leqq0$ のとき $\quad S=-\displaystyle\int_a^b f(x)\,dx$

▶2曲線 $y=f(x)$, $y=g(x)$ の間の面積
　区間 $a\le x\le b$ で常に $f(x)\geqq g(x)$ のとき

$$S=\int_a^b \{f(x)-g(x)\}\,dx$$

▶曲線 $x=g(y)$ と y 軸の間の面積
　区間 $c\le y\le d$ で常に
　$g(y)\geqq0$ のとき

$$S=\int_c^d g(y)\,dy$$

36 体 積

▶断面積が $S(x)$ である立体
　の体積
　区間 $a\le x\le b$ で

$$V=\int_a^b S(x)\,dx$$

▶回転体の体積
　① 曲線 $y=f(x)$ と x 軸の間の部分 ($a\le x\le b$) を x 軸の周りに1回転させてできる回転体の体積は

$$V=\pi\int_a^b \{f(x)\}^2\,dx=\pi\int_a^b y^2\,dx$$

② 曲線 $x=g(y)$ と y 軸の間の部分 ($c\le y\le d$) を y 軸の周りに1回転させてできる回転体の体積は

$$V=\pi\int_c^d \{g(y)\}^2\,dy=\pi\int_c^d x^2\,dy$$

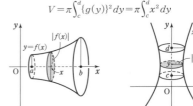

37 曲線の長さ

▶曲線 $x=f(t)$, $y=g(t)$ ($\alpha\le t\le\beta$) の長さ

$$L=\int_\alpha^\beta \sqrt{\left(\frac{dx}{dt}\right)^2+\left(\frac{dy}{dt}\right)^2}\,dt$$

▶曲線 $y=f(x)$ ($a\le x\le b$) の長さ

$$L=\int_a^b \sqrt{1+\left(\frac{dy}{dx}\right)^2}\,dx$$

38 速度と道のり

　数直線上を運動する点Pの速度を $v=f(t)$ とし, $t=a$ のときのPの座標を k とする。

① $t=b$ におけるPの座標 x は

$$x=k+\int_a^b f(t)\,dt$$

② $t=a$ から $t=b$ までのPの位置の変化量 s は

$$s=\int_a^b f(t)\,dt$$

③ $t=a$ から $t=b$ までのPの道のり l は

$$l=\int_a^b |f(t)|\,dt$$